园林美术 第二版

YUANLIN MEISHU

范洲衡 主编

化学工业出版社
·北京·

内容简介

本教材作为高等院校课程改革成果，以园林专业技能型人才培养必须掌握的专业实践基础知识与基本技能为主要内容，包括园林景观美的构成艺术、风景素描速写技法、园林色彩速写技法、园林设计效果图技法、中国山水花鸟画技法、园林装饰艺术表现技法等六个方面，紧紧围绕透视现象、构图规律、表现手法等三大主轴，重点解决了园林美术中的审美认识与造型艺术这个核心问题，并将设计构成、绘图表现、装饰制作等园林美术理论与实践结合起来，以在教学工作实践中具有开拓性、创新性的大量原始图片充实内容和丰富形式，强化了专业基础的重要性，体现了专业技能的实用性。教材前四章配套有教学微视频，便于学生直观学习，快速掌握相关技法。

本教材适合高等院校的园林技术、环境艺术设计等专业教学使用，同时还可以作为园林艺术及美术爱好者的参考读物。

图书在版编目（CIP）数据

园林美术/范洲衡主编. —2版. —北京：化学工业出版社，2021.6（2023.1重印）
ISBN 978-7-122-38822-3

Ⅰ.①园… Ⅱ.①范… Ⅲ.①园林艺术-绘画技法-高等学校-教材 Ⅳ.①TU986.1

中国版本图书馆CIP数据核字（2021）第056270号

责任编辑：张 阳 李植峰　　装帧设计：王晓宇
责任校对：张雨彤

出版发行：化学工业出版社（北京市东城区青年湖南街13号 邮政编码100011）
印 装：北京缤索印刷有限公司
787mm×1092mm 1/16 印张$12^3/_4$ 字数265千字 2023年1月北京第2版第2次印刷

购书咨询：010-64518888　　售后服务：010-64518899
网 址：http://www.cip.com.cn
凡购买本书，如有缺损质量问题，本社销售中心负责调换。

定 价：59.80元

《园林美术（第二版）》编写组

主　　编　范洲衡

副 主 编　顾素文　尤长军　唐海燕

参编人员　陈　霞　肖友民　黄兵桥

林　蛟　叶　武　顾素文

唐海燕　尤长军

前言

Preface

美术是美学理论与实践相结合的造型艺术，由美的绘画艺术、雕塑艺术、建筑艺术、装饰艺术、影像艺术、书法艺术、设计艺术等组成。园林由构成景观的花草树木、建筑雕塑、装饰工艺等内部物理结构和外部形态特征组成的生态科学与造型艺术相结合而成。而园林美术是研究如何发现与创造园林景物外部形态特征之美的艺术，即园林之美的造型艺术。作为园林相关专业学生，对于环境中不可或缺的园林形态之美的赏析与表现，应有更好的了解和把握。本教材秉持“深入浅出”的原则来编写，以利于入门者建立最基本的、颇具可操作性的造景美学观念和程式，熟悉园林美术各具风韵的多样性表现手法，以满足专业人士对于具体园林艺术个性特征和风格的掌握，并给予园林之美以精确的描绘及正确的表达。

园林美术的同类书籍不多，各院校使用的教材和教学内容也不统一：第一种是绘画基础素描和色彩各占一半，但不够具体深入，或不适合专业应用性教学使用，没有专业针对性；第二种是将素描和色彩分开，各为一本教材，多以风景写生为主，具备了园林专业特色，但没有突出园林美术系统内容；第三种是在满足一般绘画基础要求后，增加了一些山水画、效果图、美术字、摄影等内容，但仍然不够完善，专业基础的针对性不强，特别是与现代数字化工作学习需求相结合的程度不高。

鉴于上述情况，本教材全面强化基础知识，重点突出基本技能，发展新的定位，即对园林美的理解与应用基础做进一步全面概括和重点提炼，明确将专业基本知识与关键技能相结合，将有关园林之美的三大构成、园林装饰制作作为新的学习任务，并将园林美术知识与技能的学习贯穿于每一个章节之中；突出案例，强化实践，明确要点，根据职业技术教育教学特点和教材设计要求，以在教学工作实践中具有开拓性、创新性的大量原创图片和重点数字影像来充实内容和丰富形式，强调专业基础知识的重要性，体现专业基本技能的实用性。

考虑到本教材面对的是绝大多数没有美术基础的学生，虽然园林美术基础是园林等专业的基本知识与技能之一，但不可能把美术学得面面俱到。在有限的教学条件下，务必结合实际，突出重点，紧紧围绕相关园林艺术中的美学内容，抓住关键技能进行强化培训，才能产生实际效果，达到专业基础知识与基本技能的相互渗透和可持续发展。教材第一章园林美术设计构成的美学基础颇为重要，可预备教学情境，唤起学习者的目标参照感，提高学习兴趣。第二章较传统课程减少了大量静物内容，主要是进一步强化园林景观透视与构图、铅笔与钢笔风景速写。第三章色彩课删除了传统课程中为美术专业打基础的水粉画，而主要学习水彩画、马克笔画、彩铅画等，重点培养园林设计色彩理解与快速表现能力。第四章、第五章、第六章的效果图、园林摄影、中国山水花鸟画、模型制作等内容，既注重进一步夯实园林美术基础知识应用，也重视了园林艺术之美相关内容的系统完善性。

本教材在第一版编写和进一步修订过程中始终秉承“循序渐进重环节、图文并茂抓典型、广集中外经典实例、深究最新先进成果”，以鲜明的时代感、真实感、亲切感强化教材的思想性、科学性、艺术性，针对园林等相关专业的基本要求与学生基础特点，应用并呈现数字化课程内容与形式，力争教材的每一页起到抛砖引玉的作用，使广大师生教得开心、学得欢心，各取所需，均有所获。

本教材由范洲衡主编，负责全书的内容策划、统稿及修订；顾素文、尤长军、唐海燕为副主编，负责组织、初审或部分修订工作。具体编写分工为：第一章由陈霞、范洲衡编写，第二章由肖友民、黄兵桥、林蛟、叶武、范洲衡编写；第三章由范洲衡编写；第四章由范洲衡、顾素文编写；第五章由范洲衡编写；第六章由唐海燕、范洲衡编写。

教材编写过程中，参考了文献中各位专家、学者的宝贵资料和作品，特别是湖南环境生物职业技术学院等院校的学生和家长也提供了宝贵的资料作品，在此向大家深表谢意！

编者

2021年2月

目录
Contents

第 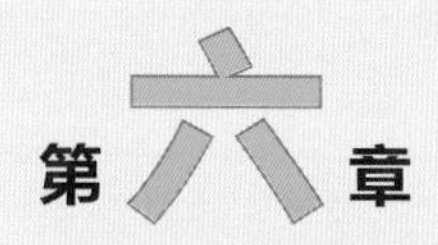 章

园林装饰艺术表现技法

参考文献

第一章

园林之美的艺术

技能目标与教学要求

本章节旨在通过有关园林美的艺术知识与园林景观之美的构成艺术范例简介，架起一道园林美术理论基础知识学习与园林实际应用之间的桥梁，唤起学习的目标参照感，有助于学习思维的拓展，从而培养设计基础意识。学习园林美术构成知识的创造意识和目标感必须明确，决不能机械地学习美术构成，为了构成而构成，要理论联系实际，加强专业修养。一方面要认真体会“艺术来源于生活，又高于生活”，并将生活所及反过来丰富课堂学习，丰富设计理论，变被动学习为主动学习；另一方面以多媒体图片赏鉴、分析的方式，帮助初学者轻松学习，把课堂学习与生活联系起来，多分析、善感悟，从而提高美学素养。在教学设计中，不妨把课堂教学延伸到课外环境，然后再利用客观环境进行课内教学的分析和再设计，有助于培养同学们的观察分析能力、理解判断能力和独立表达能力，提高学习兴趣和学习成就感。

第一节 园林美术

一、园林美术的内涵与外延

1. 园林与美术

园林是人们向往自然、回归生态而自主创造的生存与生活空间，是物质与文化相结合的历史产物，它是人类文明的象征。洪荒时代的人类就开始了围田造园的生存与生活，封建社会统治者围山狩猎、建造宫殿，官商文豪营造山水庭院、楼阁亭台，以充实生存地位与生活品位。新中国人民当家做主，现代生活形式多元化，为了改善和提高生存生活环境质量，运用科学技术和文化艺术手段建造了丰富多彩的、各具实用功能和艺术风格的园林艺术作品供人们享受。美术是人类追求美的艺术表现，它包括绘画、建筑、雕塑、装饰设计、书画艺术、摄影艺术等造型艺术。广义的美术应该包括所有创造美的一切形式与手段，其中园林美术就是综合上述各类造型艺术在自然生态中创造的系统知识与技能。学习园林美术的过程可以培养人们的观察力、判断力、想象力和创造力，帮助人们更好地享受美好生活，再造美好生活。

代表宋代园林的西湖“曲院风荷”(清代修复)

明代园林“寒山别墅”

图1-1 绘画艺术

园林美术是体现园林景观中的自然美、建筑美、雕塑美、装饰美的生态性、实用性、综合性造型艺术。中国古典艺术中的“诗情画意”就是用来表现造型艺术美的理论。18世纪末到19世纪初，德国古典美学的第一位代表和奠基者康德在《判断力批判》上卷，即“审美的判断力批判”中把造型艺术分为两类，第一类是作为形体艺术的雕塑、建筑，第二类是绘画艺术。绘画艺术又分为两种：第一种是纯正的绘画艺术，它是“对自然美的描绘”(图1-1)；第二种是园林艺术，它是“自然产物美的集合”。这里且不论康德的分类法的理论根据是什么，从中可以看出园林与绘画之间的有机联系。所以学习园林美术主要是通过绘画艺术的方式来实现的。同时学习一些中国书画艺术、花木盆景艺术、小品雕塑艺术、建筑装饰艺术、风景摄影艺术等与园林组成部分有关的艺术形式也是必不可少的。绘画基本功是美术基础之基础，也就是园林美术的基础之基础。打好了这个根本基础，就会更好地理解一幅好的风景画就是自然美、建筑美的表现，一处好的园林小品雕塑和园林绿化装饰也一定会是一幅好的设计图画的实现。园林美术包括园林绘画、园林建筑（道路、广场、亭廊、楼阁、台）、园林装饰（园林雕塑、园林建筑、设施美化、花木盆景等装饰）、园林摄影等各类艺术形式。

园林与文学、书画、雕塑、建筑、装饰等造型艺术在中国历史上几乎是同步发展、互相影响的。园林的设计意图与园林环境景观用绘画的形式来表现，并不是什么新课题。古代中国没有专门的造园家，自魏晋南北朝以来，由于文人、画家的介入使中国造园深受绘画、诗词和文学的影响。而诗和画都十分注重于意境的追求，致使中国造园从一开始就带有浓厚的感情色彩。我国优秀的古典园林之所以能有极高的艺术价值，首先在于它与传统绘画艺术等关系极为密切，园林空间艺术和诗情画意融为一体。中国造园艺术和中国山水画的关系更是如此。“以画入园，因画成景”。古代造园过程中有许多地方均是先构图立意，后根据画意施工建造的，它的总体布局与景观的组合方法与山水画的创作原则相一致，且以山水画为模式进行。早在几百年前，我国的画师就曾用绘画的语言表达宫苑的设计概貌，且有工笔山水画中的“界画法”（图1-2）。因此，中国园林是把作为大自然的概括与升华的山水画又以三度空间的形式复现到人们的现实生活中来。山水画对中国园林的发展与影响极为深刻、直接。我国古典园林中的精华，被称为“文人写意山水派园林”的一些宅第园林，正是一些文人、画家参与营造、设计或出谋划策的。有些专业造园匠师其自身也擅长绘画、诗书、雕刻。文人画的纯写意画风被借鉴于园林的规划设计，就成了文人写意山水园确立的契机。这些园林面积虽小，但寓意却颇为深远。流风所及，不仅园林的创作，乃至园林的品评与园林的鉴赏也莫不参悟于绘画。尤其是山水画对中国园林的影响最为直接、深刻。可以说中国园林一直是循着绘画的脉络发展起来的。中国古代没有太多造园理论专著，但绘画理论著作则十分浩瀚。这些绘画理论对于造园起了很多指导作用。

图1-2　界画

2.园林与美的造型艺术

中国园林从一开始便带有诗情画意之美。画论所遵循的原则莫过于“外师造化，中得心源”。外师造化是指以自然山水为创作的楷模，而中得心源则是强调并非刻板地抄袭自然山水，而要经过艺术家的主观感受以萃取其精华。中国古代园林多由文人画家所营造，不免要反映这些人的气质和情操。中国造园注重意境，其衡量的标准则要看能否借景来触发人的情思，从而具有诗情画意般的环境氛围即“意境”。

西方园林以精心设计的图案构成显现，主从分明，重点突出，各部分关系明确、肯定，边界和空间范围一目了然，空间序列段落分明，给人以秩序井然和清晰明确的印象。其主要原因是西方园林追求形式美，遵循形式美的法则显示出一种规律性和必然性，而但凡规律性的东西都会给人以清晰的秩序感。另外西方人擅长逻辑思维，对事物习惯于用分析的方法揭示其本质，这种社会意识形态大大影响了人们的审美习惯和观念。西方的形式美与中国的意境美，是由于对自然美的态度不同，反映在造园艺术追求上有所侧重。西方造园虽不乏诗意，但刻意追求的却是形式美；中国造园虽也重视形式，但倾心追求的却是意境美。西方人认为自然美有缺陷，为了克服这种缺陷而达到完美的境地，必须凭借某种理念去提升自然美，从而达到艺术美的高度，也就是一种形式美。早在古希腊，哲学家毕达哥拉斯就从数的角度来探求和谐，并提出了黄金率。罗马时期的维特鲁威在他的论述中也提到了比例、均衡等问题，提出，“比例是美的外貌，是组合细部时适度的关系”。文艺复兴时的达·芬奇、米开朗琪罗等人还通过人体来论证形式美的法则。而黑格尔则以“抽象形式的外在美”为命题，对整齐一律、平衡对称、符合规律、和谐等形式美法则作抽象、概括。于是形式美的法则就有了相当的普遍性。它不仅支配着建筑、绘画、雕刻等视觉艺术，甚至对音乐、诗歌等听觉艺术也有很大的影响。因此与建筑有密切关系的园林更是奉之为金科玉律。西方园林那种轴线对称、均衡的布局，精美的几何图案构图，强烈的韵律节奏感都明显地体现出对形式美的刻意追求（图1-3、图1-4）。

图1-3　西方园林（1）

图1-4 西方园林（2）

① 自然景观艺术美是园林环境空间艺术的主要特色之美。人们可以将园林看作是大自然的一个缩影或一个片段，但不是照搬照抄，是对自然风景的投影。园林景观艺术中的再现手段，它一方面模仿自然，属于模仿品；另一方面园林艺术是人们直接借用大自然中的美妙景象在一定空间里的再现，由于这种模仿是由自然界所特有的属性决定的，人们往往将它看成是景观创作的原型，成为自然风景的一个组成部分。

中国园林是自然山水的写照，所追求的是诗画一样的境界。如果说它也十分注重造景的话，那么它的素材、原型、源泉、灵感等就只能到大自然中去发掘。越是符合自然天性的东西便越包含丰富的意蕴。因此中国的造园带有很大的随机性和偶然性。不但布局千变万化，整体和局部之间也没有严格的从属关系，结构松散，以致没有什么规律性。正所谓“造园无成法”。甚至许多景观有意识地藏而不露，“曲径通幽处，禅房花木深”“山重水复疑无路，柳暗花明又一村”“峰回路转，有亭翼然”，这都是极富诗意的境界。园林里讲的山水画的艺术元素，就是自然之理。就生活是艺术的源泉来说，这山水的自然之理就是园林艺术创作的生活原型。“三潭印月”是以月得景的西湖十景之一（图1-5）。三潭印月石塔在杭州西湖小瀛洲“我心相印”亭前湖中，塔身中空，周有五个圆孔，每当皓月当空，塔内点烛，洞口蒙以薄纸，灯光从中透出，宛如一个个小月亮，与天空倒映湖中的明月相映，景色优美。昔人有诗云：“青山如髻月华浓，塔影浮沉映水空；只恐清风生两腋，夜深飞入蕊珠宫。”日光映照出万物纷华的形色和个别的表象，人们在日光下对于身处周围的状况，无一不以实在的意识来确证它们的存在，因而物、我是对立的；月色包裹天地间的一切物象，使之齐现共同、纯净的色相，这一色相是幽暗静谧、

图1-5 三潭印月

图1-6 园林美术中的线

似真而幻的，人们置身其间必然产生梦境一般幽远的遐想，一直透入人的精神深处，超像虚灵，澄怀观道，通过妙悟宇宙万籁的蕴秘和深邃，达到无物无我、物我交融的境界，成为文人爱写、画家爱画的园林艺术之自然之美。

② 建筑艺术美是园林实用艺术、造型艺术、环境艺术的综合体现。园林建筑不仅仅指亭、台、楼、阁、廊、架、花坛、假山等，同时也包括寺庙、宫殿、教堂、城堡、长城、道路、堤坝、驳岸、护坡、桥梁、纪念碑、墓地等建筑。它们在一定的条件下都可以成为园林景观建筑的审美性主体存在。两千年前，古罗马时代的建筑师维特鲁威就明确指出过建筑应当“保持坚固、适用、美观的原则”。他在《建筑构成》中对建筑之美详细分析了法式、布置、比例、均衡、适合等概念。他认为法式是指作品的细部要各自适合，要合尺度，作为一个整体要设置适于均衡的比例。布置则是适当地配置各个细部，以质来构图而做成优美的建筑物。比例指优美的外貌，是组合细部时适度的表现关系。均衡是由建筑细部本身产生的合适的协调，是由每一部分产生而直到整个外貌的一定部分的互相配称。适合是以受赞许的细部作为权威而组成完美无缺的建筑整体。适合是由程式、习惯、自然而形成的。维特鲁威对建筑的认识总结至今仍对建筑创作产生着影响。美作为建筑的内涵统一于坚固、适用之中，通过布置、比例、均衡、适合等造型手段得以表现，既有形式美，又有内在美，美是建筑中不可忽视的因素。建筑艺术是由线条、形体、色彩、质感、光影以及装饰等基本因素按照人的审美意识和审美理想构成的，并具有实体与空间相统一的建筑艺术形象。建筑造型中最基本、最常见而又最实用的形象几乎都以方形、长方形、圆形等几种基本几何形状为审美特征。这些方形、长方形或圆形又是由线组成面、由面构成形。因此，线是造型艺术、也是建筑艺术最基本的审美因素（图1-6）。

建筑小品在园林中主要是指供休息、装饰、照明、展示和管理园林及方便游人之用的小型建筑设施，一般没有太多内部空间，体量小巧，造型别致，富有特色，并讲究适得其所。这种建筑小品多设置在城市街头、广场、绿地、公园和自然风景区等室外环境中。园林建筑小品在园林中既能美化环境，丰富园趣，为游人提供文化休息和公共活动的方便，又能使游人从中获得美的感受和良好的教益。

③ 城市若没有美的建筑与雕塑，就会变得单调和枯燥。城市要创造人群生活的环境，不仅要提供居住的条件，还要提供美的环境。建筑的外形是由几何线条和形体组合而成的。这些几何体和一组组的横与竖的直线，可以自成体系，如果能和由微妙曲线所构成的雕塑相调节，则会构成对立而统一的形式，就会显得丰富、和谐。建筑和雕塑有效结合的城市，会给人留下难以磨灭的印象。经过雕塑装饰的紫禁城，就使建筑显得更为雄伟。游历美国看到了自由女神雕塑的旅人，莫不被现代化建筑和自由女神形象所吸引，久久难忘。穆希娜作的《工人和集体农庄女庄员》的雕塑与建筑设计，已构成了代表苏联建国初期的形象。巴黎凯旋门上吕德所作的《马赛曲》雕刻，也使凯旋门的建筑形象印入人心。意大利的佛罗伦萨城的十六世纪那座柯西莫一世的王宫和宫前的米开朗琪罗所雕刻的《大卫》像相互衬托，早就成了旅游的胜地。建筑与雕刻既是对立的，又是相互补充的，是人工与自然生命形态相结合的，是互生的艺术形式。

④ 装饰艺术是依附于某一主体的绘画、雕塑、工艺造型，使被装饰的主体得到合乎其功利要求的美化。装饰艺术与人的日常生活联系广泛，结合紧密，如环境艺术设计（包括园林），工业造型设计，日常用品装饰如服装、首饰、商品包装等，几乎一切工艺领域均与装饰艺术有关。从其与装饰主体的关系看，它有双重性质。一方面它必须从属于主体，即装饰是从美感的角度来标明主体的特征、性质、功用以及价值。另一方面装饰艺术亦可从主体当中独立而出，显示出自己的审美价值，如中国古代建筑中作为装饰的雕梁画栋（图1-7）、琉璃瓦、画像石、画像砖，它附属于整个墓室，与其浑然不可分离，然而，其精美、恢宏、古拙的画面完全可视为完美的艺术品。使用或汲取装饰艺术的形式特点而创作的作品，通常称为装饰风格或装饰风。它们是自成主体、有自己内涵的独立型艺术，其强烈的特征是其欣赏性更强，造型上有一定幅度的夸张变形，并呈图案化趋向，色彩上多重视平面空间的对比关系，与强调三维空间的透视、光影的性质相左。装饰画区别于一般绘画，因一般绘画须对客观事物作如实的描绘，有的甚至以再现生活为目的，具有很强的真实感；而装饰画对自然形

图1-7　仿古雕塑

象并不追求如实地描绘，而是要经过作者特有的形象思维过程，使之超脱自然的原始风貌，其造型与色彩都应具有装饰性特点，园林小品建筑、壁画雕塑、绿化图案大多数属于这类风格。

⑤ 摄影艺术是造型艺术的一种现代科技手段，以相机和感光材料为工具，运用画面构图、光线、影调（或色调）等造型手法来表现主题并求得其艺术形象作品。其主要特点在于所表现的对象必须是实际存在的。体裁上分新闻摄影、人像摄影、风景摄影、动物摄影、静物摄影等。园林摄影艺术是根据创作构思将各类园林景物造型艺术拍摄下来，经过一定的技术处理出优美的园林环境艺术形象，以反映造型艺术在园林中表达作者思想情感和园林景象之美的一种艺术形式。以上所讲的园林自然美、建筑美、雕塑美、装饰美的形象都可以通摄影艺术得以很好的表现，它是人们发现、记录、创造园林之美的手段之一。

二、园林美术的教学内容与形式特点

园林美术课主要学习美的构成艺术、风景素描速写、色彩表现、国画基础、设计效果绘图与模型表达等基础理论与技法。学习过程中，通常用两种方式方法来完成目标任务。

其一是临摹。主要采用透视原理生动直观地表现构思，其形象感与真实感的直观效果均较强。如应用线条、明暗、色彩即水彩、彩铅、马克笔、国画以及电绘方法表现。而手绘透视表现图所使用的材料工艺，要比电脑绘图简便得多，如制作周期短，花费人力、物力少，更经济、更方便、更容易。

其二是写生。其具有空间、形体真实感及能从任意角度去观看被写生的物象等优点，并能把立体的物象加以组合来表现各种园林景物。特别是观察方式，能使人深入到景物的每一个角落，从各种角度去观察描绘和拍摄。它既可做静观，又可做动观，这也是临摹图画所无法比拟的。对材料质感的表现，特别是对于环境气氛的反映，对各种形式的风景速写表现更为生动自然。

园林形象美的内容有植物、动物、山水、建筑等，其中，植物是构成园林美的主要角色。要创造一种具有美感的园林作品，无非是把地形地貌、建筑道路以及园林植物这三方面统一起来进行考虑。速写风景中的线描画法可以在园林规划设计中绘制鸟瞰图，它可以给人以直观的效果（有的也用网格法作画）。园林设计中的树木山石也可采用建筑装饰画的方法来绘制，这样画起来既简单方便，又有较强的趣味性，且同样能达到直观、明了的目的。通过素描、速写、线描、色彩四大模块的学习，人们能把握造型的基本原理、规律，能学会造型的基本技巧、技能。同时，可以借用绘制中国山水、花鸟画的方法来画园林中的各种效果图，可以用风景画、花鸟画中的各种表现技法及内涵特点来调整处理园林中的景物关系。对传统文化及中国画的了解与继承，对指导园林规划设计、园林植物造型、配植与鉴赏，以及盆景制作、插花艺术与花卉应用艺术等都是非常有益的。中国园林的规划设计与园林绿化施工，不是单纯的构图手法和技巧问题，它必须体现一定的艺术境界或主题思想，表达某种哲学观点与审美观点。它又需要有丰富的想象力与独创精神，而此种想象与创意也要以具有人文内涵、艺术含量为指导，才能有不俗之作问世。同时，它还讲究把中国古典园林艺术的神韵体现在现代园林中，与当代的思想主题相结合，并创造出具有中国特色的新园林。园林是一种艺术创作。当园林缺少了艺术，就势必失去了它的灵魂。

三、园林美术的教学目的与专业要求

1.园林美术教学目的

园林美术教学是为了帮助学生提高园林规划设计、园林绿化、园林施工管理、绿地营运等专业基础技术知识的艺术素养，培养形象思维和丰富的想象能力以及审美能力，通过掌握一些美术理论、美术的表现技法技巧，更好地表现园林规划设计与施工组织能力而开设的专业基础课程。

一个园林设计者或一个园林绿化、花卉工作者应该具备一定的审美水平、艺术修养和生活形象积累，并掌握表现设计意图的技能。一个园林工作者的艺术修养主宰和支配着他的设计构思、工作能力。当他一提笔进行设计、创作，就必然会体现出一种美学观念。园林美术教学具体目的如下：

（1）为园林设计服务　就是通过园林平面的、立体的、时空的效果表现图或主体的园林模型手段，来研究园林方案的各个阶段和全过程，以探求理想的园林设计方案。这种表现一般不着意于准确的比例和细部关系的推敲，往往把重点放在园林设计构思整体关系的探求上，不是把表现看成目的，而是当成一种手段。

（2）为园林表现服务　其目的在于形象地表现园林设计方案和图纸的最终效果，以便使建设单位、审查单位等有关方面对园林的造型和综合效果有一个比较真实的感受和比较实际的体验。这种表现，一般比较细致和精确，常用于重要园林的展示和园林设计竞赛以及投标场合。

（3）为园林施工服务　园林表现的目的和作用还具有一定施工方面的意义。它能形象地展示园林的实际构造关系，以弥补设计图纸中不十分清楚和待完善的部分，便于施工。有时对于自由和多变型的园林造型，在构造关系过于复杂，以至需要设计交流和施工说明时，借助手绘和模型对于施工具有良好的指导意义。

2.园林美术专业学习要求

园林美术的学习过程，与其他学科一样，都要遵循从简到繁、由浅入深、循序渐进的原则，注重每一教学模块与每一教学单元的教学目的，理论课与技法训练课相结合，学生眼、脑、手的训练相结合，突出实际应用能力的发展。

（1）培养写生能力　若想学习和掌握园林表现画的方法，首先必须具有一定的造型艺术基础和能力。因为园林表现具有一般绘画的属性和造型方面的要求，所以初学时必须首先学习一些素描、速写及色彩表现和徒手画知识，并掌握正确的观察方法和表现技巧。具体的课程就是素描、速写、水彩、水粉效果图表现等（图1-8）。不过这种写生能力与纯艺术学校要求的写生能力相比，应具有园林专业性的特征，因此在学习时除要了

图1-8 效果图

解它的共性外，还要注意它的特殊性，即艺术与科技相结合的快速表达能力。

（2）培养绘图能力　园林表现画具有很强的科学性，要求绘制得准确、真实，画出的园林要与将来建成的园林形象、比例基本一致。所以它的轮廓和结构都是用透视法做出来的，十分准确。这就要求学习透视知识和构图方法，并具有结合电脑处理效果的能力。

（3）培养造型能力　前面提到的写生主要培养观察能力，绘图是艺术应用能力的发展。同时造型能力是对造型的普遍规律、原则和方法的把握，也就是要了解造型形式美原理，并掌握一定的形式美的构成技法，具体可通过平面构成、立体构成和色彩构成等课程掌握图画和模型设计制作能力。

在有限的课堂时间内解决全部问题是不现实的，也是不可能的，只能提纲挈领地把问题的各个环节串起来，展示它们之间的关系，作有限的分析讲解，更多的是要靠学生自己思考与研究。园林美术课的特殊性表现为以技能训练为主，而技能是理论的表现。故课堂上主要是教会学生如何运用已掌握的知识，提出问题，分析问题，解决问题。上课的目的是要找到解决问题的方法，使问题得以解决，而找问题的过程主要应在课外而不是在课内。理论性的认识问题不能过多地占用课堂时间，要求做到“教在课堂，学在课外”。

在教学写生过程中，肯定画面的优点与发现画面的问题同等重要。因为每个人都知道，在了解了素描、速写、线描、色彩的基础知识与基础技能之后，并不等于就会自如地作画了。这好像学游泳，教练告诉动作的要领后，即使专门辅导了你多次，但你还必须下水经过反复摸索、实践才能真正学会游泳。由于每个人的情况不同、基础不同、领会不同、感悟不同，写生时肯定会出现各种各样的问题。在这种情况下，如果只发现自己画面的问题而不能及时肯定其中的可取之处，就很容易丧失信心。所以开始时不要过于苛求每幅写生画面的完美，追求表面效果，而应把写生当作研究、认识学画规律的实验，允许失败，自始至终牢记写生的过程正是通过“改错法”学习的过程，是解决问题的过程、吸取经验的过程。如果抱着这种态度去学习，去写生，即使整幅画面效果不好，但只要在画的某一部分，哪怕是很微小的部分有可取之处，都应该给予肯定，并以此为出发点，一个优点一个优点地积累，一个困难一个困难地解决，朝着要求的效果靠拢，不久就可以画出自己较为满意的作品。总之，任何知识的获得，除了勤学苦练外，学习方法的好坏将直接影响到学习效率与效果。好的学习方法是根据个人具体情况制定的有效方法，其前提离不开对该学科总体结构的认识，对学习该学科知识的目的、基本途径和方法的掌握以及对这门知识的正确运用。其中，学习目的这一极为重要的环节常常会被忽视。尤其是在素描学习中，学生对目的不明确将直接影响到写生作业的效果，导致训练缺乏针对性，学习效率低下。具体可以从以下两方面入手，提高学习效率和效果。

① 从速写式素描写生入手。这是前人长期教学实践的经验。这一美术教学方法，在欧洲是从1590年意大利画家波伦亚兄弟在卡拉奇创办世界上第一所美术学校开始的，至今已有400多年的历史。在我国则是1914年刘海粟先生在上海创办了上海图画美术学校（上海美专的前身）后开始的，有了一个多世纪的发展历史。学习速写式素描技法，突出简笔画风格，因为它是学习、工作交流中最有效的表达手段。画简笔画时一定要注意：为了精确地画出不同景观景物类型，需要运用不同形式的笔法，以具体体现其结构组织和质感特征的准确性，如画建筑类的线条要刚直流畅，一笔到位，否则不像人造的；画植物的线条要刚柔曲折，长短不一，否则不像自然的。作画时决不能模棱两可、吞吞吐吐、拖泥带水，观察应该精确概括，笔触也该肯定到位，突出简洁明快的绘画艺术风格，为进一步的学习和工作打下良好的基础。从速写式素描写生入手，就要求具有一定的敏锐观察力与表现能力，提高艺术修养与鉴赏水平（图1-9 ~图1-12）。

② 结合素描与色彩写生表现速写。理解色彩原理，剖析色彩现象；懂得观察方法，磨炼色彩感觉；把握色彩规律，学会色彩应用。如果说素描学习理性成分较多的话，那么，色彩学习感性成分较多。素描中接触到的形体、光影等自然现象都可以结合理性的判断去掌握，而自然界色彩中丰富多彩、瞬息万变的现象虽有其规律，但要艺术地表现它只靠慢慢地理性分析是远远不够的，还必须迅速抓住当时的感觉并表达出来。在色彩绘画实践中，要注重视觉感受能力的训练，要对自然界的色彩多观察、多比较，力求准确、生动和深刻地再现自然情调，要提高艺术修养与鉴赏能力，以领悟色彩的表情特性与色彩本身的表现力，从而使自己

图1-9　速写式素描（作者：范洲衡）

图1-10　素描（作者：姚圣夫）

图1-11　素描（作者：郑敏）

图1-12 素描（作者：范洲衡）

对色彩的感觉由个人的喜爱升华到科学的境界中，在今后的园林艺术实践中创造性地应用色彩。再则，在作画写生的练习过程中，对手中绘画工具性能的彻底了解与熟练掌握十分必要。不同的工具有不同的表现效果，如用铅笔、钢笔、马克笔同样画速写风景、线描花卉，因其各自性能与表现特点不同，则要采用相应的表现手法，发挥手中用笔的最大特点与长处，将它们最终结合起来，使画面效果更为生动。色彩绘画的用具相对要复杂些，表现的技法也多得多，都要在不断写生的练习过程去摸索、领会与掌握（图1-13～图1-16）。

由于园林美术课的实践性很强，在学习过程中只靠课堂上有限的课时，不一定能够掌握所有技巧。这就要求学生利用课外或假日去多画、多写生，多进行一些课外作业的练习。意大利晚期哥特式画家钦尼尼明确提出："你要记住，最完美的指导者、最好的指南、最光

图1-13 学生作品

图1-14　园林瓷砖壁画

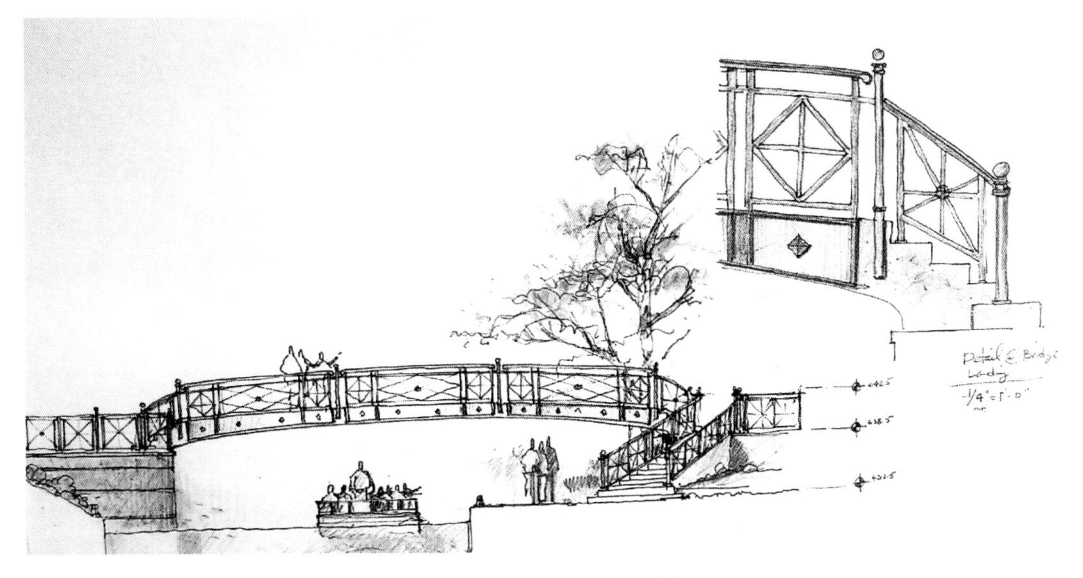

图1-15　国外现代景观设计速写

图1-16 水彩手绘作品

明的灯塔，就是写生。写生比一切范本都重要，你要打心眼里相信它，特别是当你在绘画上获得了一定的经验之后，要经常地画点什么，一天也不要放过，不管你画的东西是多么的渺小，它依然非常重要，这可以给你带来莫大的好处。”写生时刻在培养着你的最基本、最深刻的观察力和表现力。当然，艺术的技巧一旦离开了人文背景，在我国即被视为“雕虫小技”，在西方，恰如德国哲学家黑格尔所比拟的不过是“巧戏法”而已。庄子云：“能有所艺者，技也。”但“技兼于事，事兼于义，义兼于德，德兼于道，道兼于天”。只有以技进道的人，也就是以人文精神灌注技巧的人，才能使技巧中蕴含人文内涵，才能提高技巧中的艺术含量。

因此，学习园林美术要把有关造型艺术的基础知识与能力的训练放在首位，也就是在学习一些基本的造型科学知识的同时，结合对客观事物的正确认识与分析，以艺术的观点作指导，用最扼要与最简练的方式，准确地把握对象的空间关系、透视比例、形体结构与色彩关系等基本内容，培养、增强设计的能力以及创造的能力。学习园林美术就是从审美的角度去观察世界，学会用手中画笔及多媒体技术（摄影、动画）表现自然之美，探索艺术规律，开拓艺术视野，陶冶美的情操，改善与美化我们的生存、居住环境。

第二节　园林景观美的构成艺术

一、造型艺术构成的含义

1.构成的来源

构成“composition”一词来源于20世纪初俄国的构成主义运动。由于当时受到印象主义、后印象主义等艺术运动的影响，一批俄国艺术家一改传统的写实绘画风格，抛弃再现对象的一切因素，而以纯感觉和形式上的表现方式来表现情感和对象。其风格自由、单纯、理性。这一运动对世界艺术乃至现代设计产生了极其深远的影响。

2.构成的含义

构成是一个造型概念，就是将一个形态分割成多个单元，或者把不同形态的几个以上的单元重新组合成一个新的形象，并赋予视觉化的、力学的观念。这种对形态进行分割和组合的运用过程就是现代设计的构成。它是运用美学规律及原理，以抽象思维和逻辑思维的方式来进行创造的一种艺术活动。构成不是简单机械的技术练习，而是需要学习者发挥想象力和创造力的一门造型活动。

构成是现代设计的基础。作为造型艺术训练的一种手段，它打破了传统美术的具象描写手法，主要是从抽象形态入手，培养学生对形的敏感性和创造性，自由而充分地释放造型者的审美理想和情感，或表达某种观念。其构成规律体现出抽象的秩序美。

3.构成的内容

构成包括平面构成、色彩构成、立体构成、光构成等组成部分。在风景园林领域，园林的美学组织形式与构成设计的审美法则是相通的，构成对园林风景的布局造景具有很强的借鉴意义。

4.形态与形的关系

生活中，人们常说的形象实际上是对物体轮廓的认识或印象，它只是形态概念的一部分。形态还包括人的理念，即人对物态的感受和想象，它存在于人的意识思维中，具有抽象而概括的特点（图1-17）。

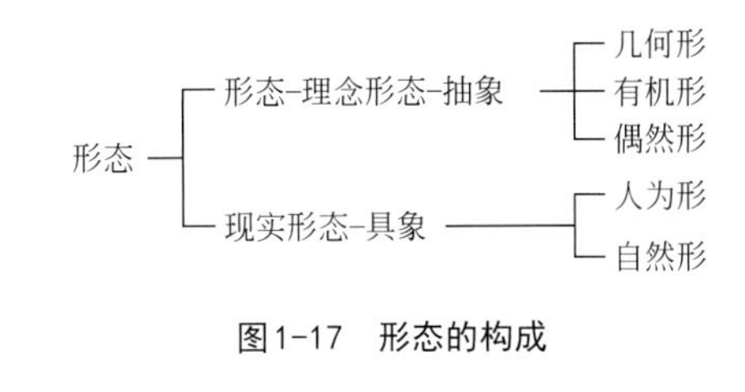

图1-17　形态的构成

- 几何形：三角形、圆形、方形、梯形等。
- 有机形：是自然界中最常见的有机体形象，它自然、随意，没有规则。如蛋的形状、细胞的形状等。
- 偶然形：通过偶发现象获得的形状，如雨滴、摔碎的玻璃片、滴落的墨水等（图1-18）。
- 人为形：人造盆景的树冠、各种生产产品的外观形状等。如盆景等造型（图1-19）。

图1-18 墨汁或颜料滴落形成的偶然形，或者因甩溅、泼洒、刮划、浸泡等形成的形态

图1-19 在人工作用下，盆景中的植物生长发生了形态改变

● 自然形：事物天然的形状，没有人工的修饰。如树叶、手印等。

二、平面构成及其在园林景观中的运用

（一）平面构成的内容

1.什么是平面构成

平面构成是指在二维平面上按照一定的审美法则创造新的图案，研究如何处理形象与形象之间的关系，形象的排列、组合方式等的一种造型活动。平面构成是一切构成艺术的基础。

2.平面构成的基本元素

从图1-20可以分析出平面构成的内容包括：概念元素、视觉元素和关系元素。

① 概念元素，是指创造形象之前，仅在意念中感觉到的点、线、面、体的概念，其作用是促使视觉元素的形成，是抽象的形，见图1-21。

② 视觉元素，是把概念元素形象化于画面，即通过可见的形状、大小、色彩、位置、方向、肌理、光影等具体形象加以体现，见图1-22。

图1-20 铺地的纹样

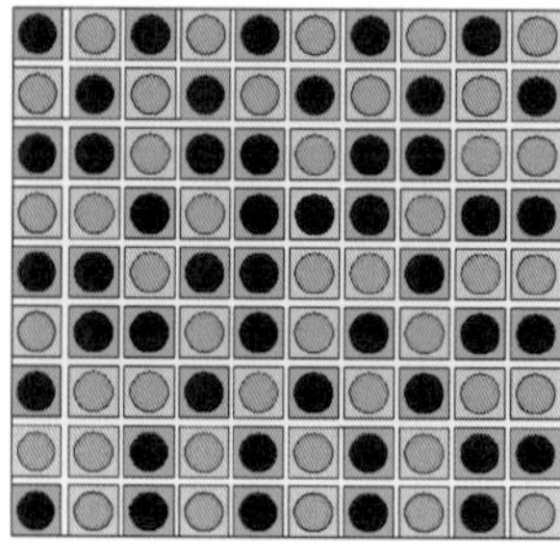

图1-21 点元素构成的“平面”

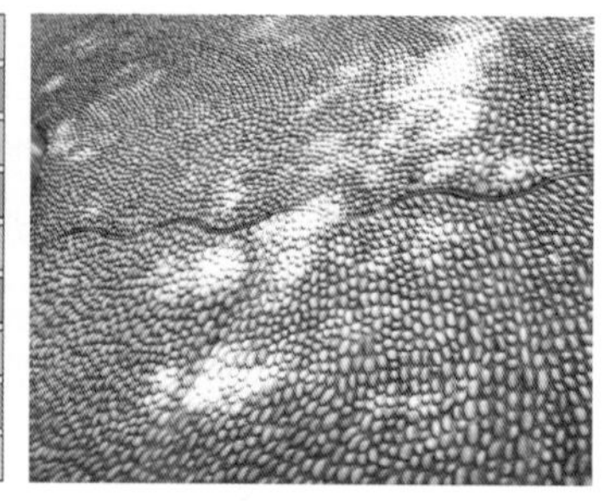

图1-22 鹅卵石以旋涡形铺设，形成向心放射状

③ 关系元素，是指视觉元素（即基本形）的组合形式，是由框架、骨骼以及空间、重心、虚实、疏密等因素决定的；其中最主要的因素是骨骼，骨骼决定着构成形式，是可见的；其他如空间、重心等因素，则有赖感觉去体现（图1-23）。

图1-23　纵横方向的骨骼分割出草的分布状况。灰色为背景具有退后的效果；草的色彩鲜明、温暖，浮出于背景，并使人产生向观者靠近的感觉

平面构成是设计的基础，它所提供的形态和视觉形式训练，对设计活动具有广泛指导意义。

3.点元素及其运用

平面设计中点有不同形状、大小、虚实等的变化。点构成的空间位置关系以及点的排列组合会使观者产生丰富的视觉体验。点在园林造景中起着重要的作用。有时是画龙点睛；有时是平衡对景；有时是节奏与韵律的体现；有时是为了补景，起到点缀的作用；有时它又是主景。植物种植经常以点出现，或单体或几株植物的零星点缀，或密集排列，点的合理运用会使园林景观增色不少，趣味横生。其手法有：自由布局、规整陈列、旋转、放射、渐变、节奏、特异等。不同的点排列会产生不同的视觉效果。点可以产生一种轻松、随意的装饰美，是园林设计的重要组成部分。点元素及其运用参见图1-24 ~ 图1-27。

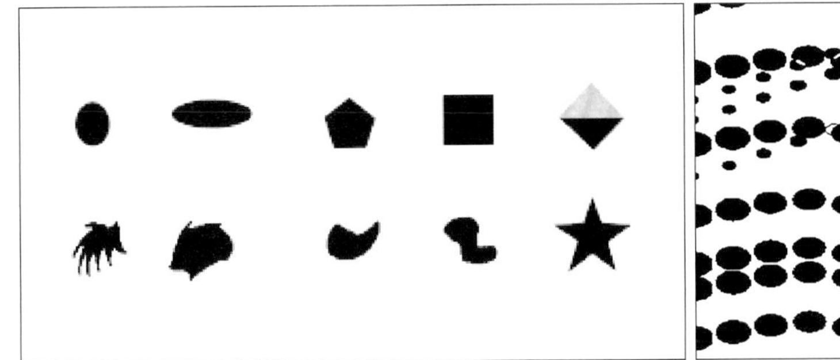

图1-24　点的样式

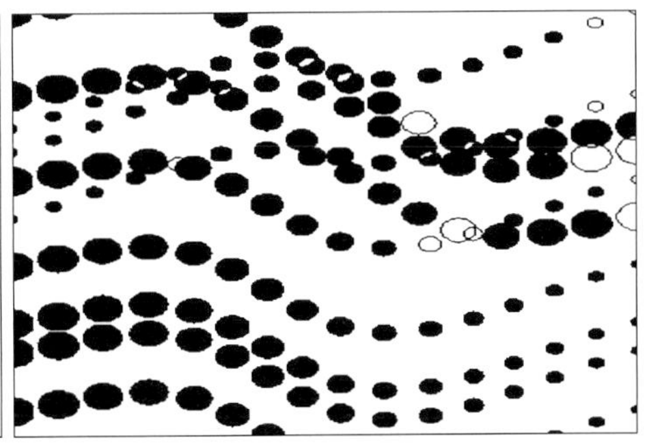

图1-25　点的构成（学生作业）

点具有大小、虚实、强弱的变化，有的密集，有的疏散，具有节奏美感

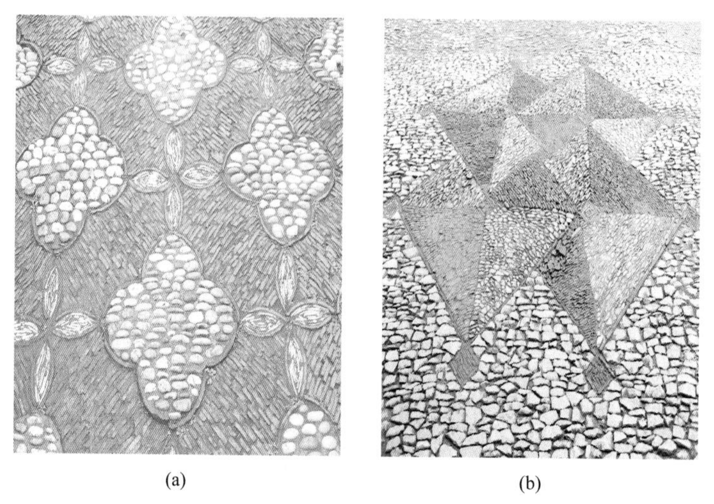

图1-26 人行道点元素的运用

利用了不同形状的点元素，或光滑圆润，或方形、粗糙，或平放立嵌，图案与图案之间高度和谐，色彩比较鲜明，在质感上运用了对比手法。人行走在上面因其凸显的肌理而拥有别样的触感。其图案或具传统美感，或现代大方

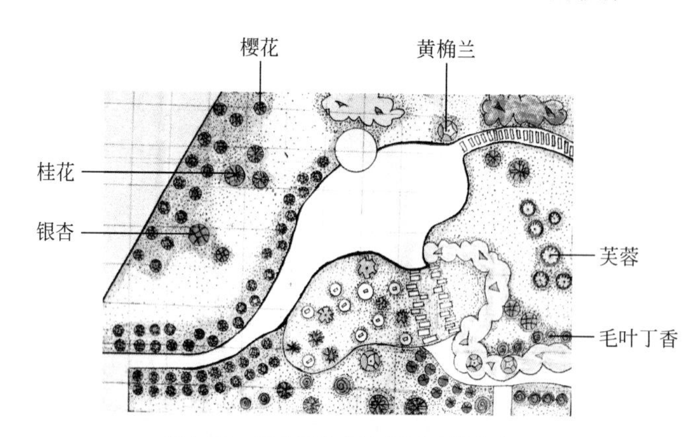

图1-27 某小区植物配置图（学生作业）

图中不同的植物或三两配植，或单株种植，或由点形成线，所用形以自由曲线为主，包括水景、汀步、植物造型等。设计和谐得体

4.线元素及其运用

线是最敏感多变的视觉元素，因事物的外观常常以线和轮廓的形式呈现，所以线最容易反映形状。线分曲线（含折线）和直线两类（图1-28）。从丰富的自然形态中人们可以感受到线之美，如层层叠叠的山峦、峰回路转的山间小道、整齐的队列等。对于线造型的灵感，人们可以从自然界获取丰富的启发（图1-29 ~图1-31），并将其抽象、提炼到设计中灵活运用。

在园林造景中，人们可以利用园路的铺设、小品造型、植物的种植等手段来营造线的组合美，如绿篱、栅栏等。要把绿化图案化、工艺化，线的运用是基础，线的粗细变化还可产生远近的空间关系；同时，线具有很强的方向性、运动性、力度感。线的组合还

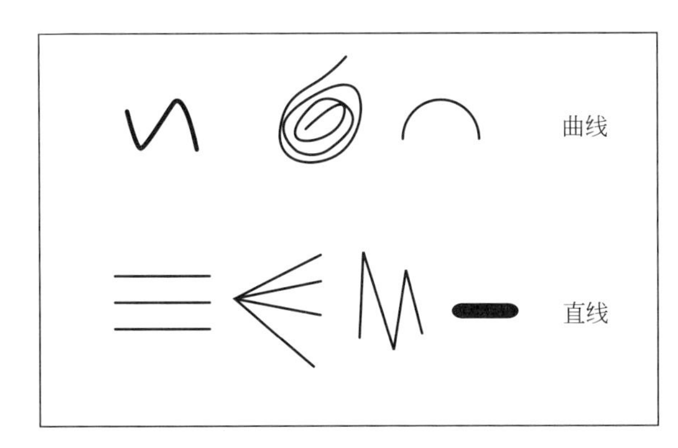

图1-28 线的分类

曲线柔和、圆滑；直线坚硬而流畅；折线顿挫、尖锐

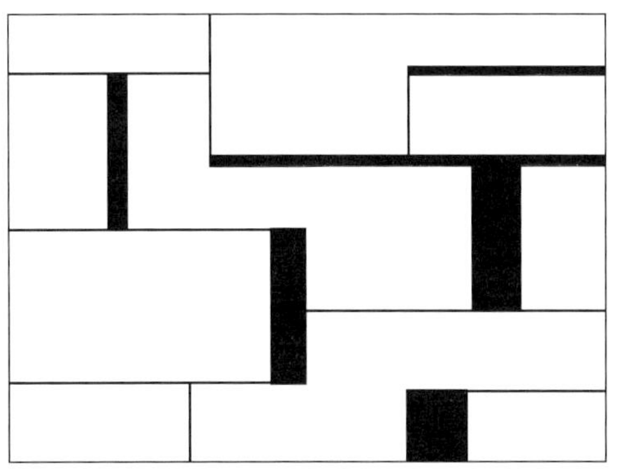

图1-29 理性的线（学生作业）

直线组合显得平静而理性

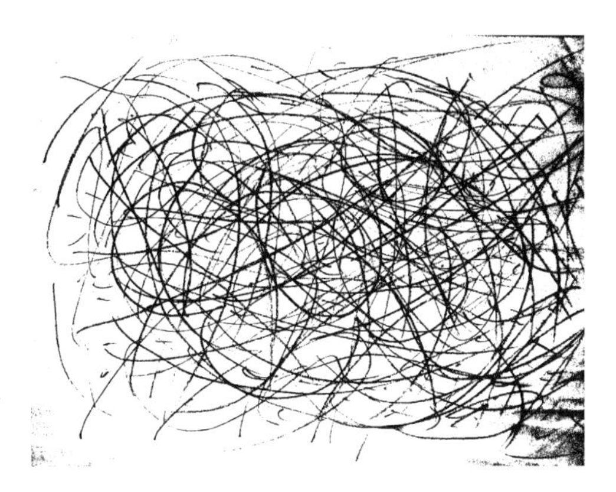

图1-30 曲线（学生作业）

这是在情境启发下，要求学生自由表达当时心理感受的一幅小稿，混乱而无序的曲线组合，显得烦躁不安

(a)

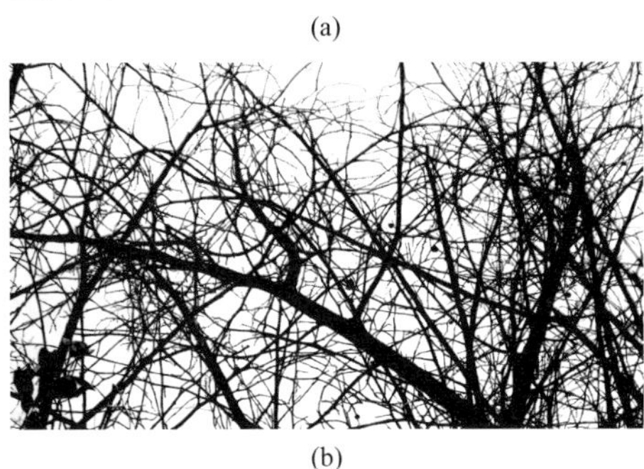

(b)

(c)

图1-31 自然中的线元素

关于线元素，可以直接从自然界找到它生动的踪迹，如树、花草、文字、建筑等事物均会给人们以丰富的线的启示，是造型活动中的灵感之源

可以形成面的效果。

5.面元素及其运用

面与形状关系密切。在视觉上人们把面分为几何面、有机面、自然面、偶然面共四类。几何面规则有序；有机面流畅而自然；自然面则活泼而生动；偶然面自由、随机，富有趣味。园林中的面体现在绿地、草坪、各种形式的绿墙、水域、休闲广场等，其中草坪是现代园林绿化中最主要的表现手法。面可以组成各种各样的形，例如任意的、多边的、几何的，把它们或平铺或层叠或相交，其表现力非常丰富（图1-32、图1-33）。

在实际应用中，有时为了强化和夸张效果，刻意以单纯的点、线或面来表现对象，其作品形式单一，具有很强的时代感，但通常是点线面的综合运用。在观赏和进行设计练习时，应先把对象抽象化、符号化后分析考虑，然后一步步根据具体环境、空间位置、尺度等来实现造景。在园林设计中不能机械地照抄照搬构成的原理，应灵活地选取应用，以增强环境的视觉表现效果（图1-34、图1-35）。

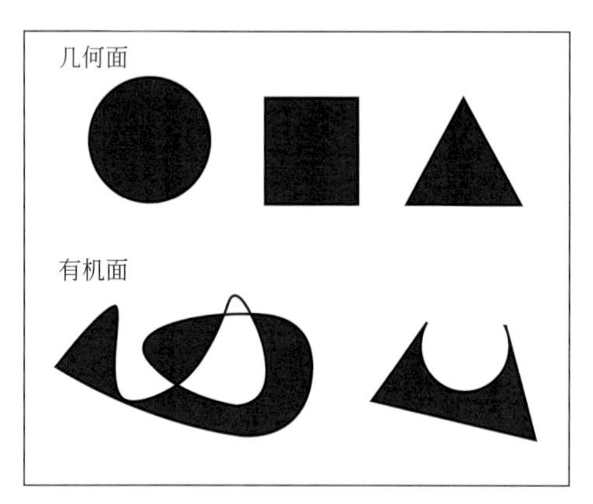

图1-32　几何面与有机面

图1-33　面的构成练习

基本单元形按照一定的排列方式完全机械重复排列，产生整齐的强调效果，画面简洁纯朴，形式语言单纯

图1-34　泰姬陵花园广场的水景

按十字轴线布局穿梭于花园中，如同一面面镜子映照出虚实两重园景，起到了对景的效果

图1-35　某城市休闲广场喷泉池造景

设计者采用有规律的发射形铺设池底石材，给人以光芒四射之感

（二）平面构成的基本形式

平面构成的基本形式主要有：重复、渐变、特异、发射四种。其中重复是最基础的形式，每一种形式都包含了两个要素，一是基本的结构和骨骼关系，它决定着构成的主要特点，好比建筑的框架；二是应用在骨骼上的基本形，它是构成的内容，是由一些单元形象充当的。

单独的元素之间，可以有图1-36～图1-39所示的基本的相互关系，它们又可以依据这样的关系衍生出千变万化的形象来。这是一个有趣的创造性的活动，在练习时不能简单地把这种形象的构成变化作为技术来理解，它需要积极的联想和抽象的思维。

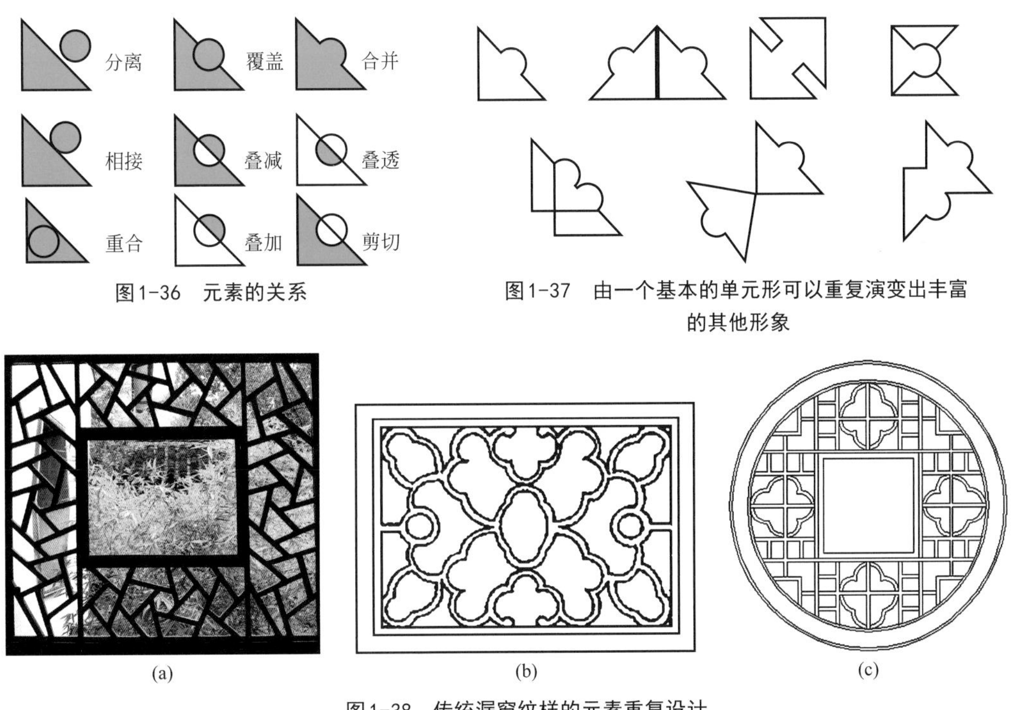

图1-36 元素的关系

图1-37 由一个基本的单元形可以重复演变出丰富的其他形象

图1-38 传统漏窗纹样的元素重复设计

图1-39 线的发射构成练习与景观设计

（三）构成的形式美原则及应用

1.对称与均衡

对称与均衡是为了使画面在视觉上达到平衡。对称有两种情况：一是轴对称；二是中心对称。对称的双方在量上是相同的。对称是平面图案构成中常用的装饰手法，如盘子的花纹、蝴蝶的翅膀。在传统园林中，利用轴线对称组织园景的实例很多，利用轴线对称手法可以使园林的诸多要素获得秩序、协调和统一（图1-40）。中心对称是指以一个点为中心，将等同的形式和空间均衡地分布。如常见的圆形广场、花坛等（图1-41）。对称手法也是重复的一种方式，利用相同元素的重复能达到吸引人的目的，并且具有强调、突出的作用，使图案很容易实现完美统一。

图1-40　轴对称

图中花台、植物形成对称状布局

图1-41　中心对称

天坛是典型的中心对称建筑，其分级而上的台阶、护栏造型均与天坛中心建筑的造型相统一，极为规整，具有庄重的秩序感

图1-42　植物在形状的修剪上具有对比，在整体上又体现出和谐的几何图案美

2.对比与调和

对比与调和是美的重要原则，是“变化和统一”总体原则的最直接体现。在艺术设计中，通常遵循的原则是大统一、小对比。其手段主要有面积的对比、色彩的对比、形的对比、质感的对比、虚实空间的对比等（图1-42）。

3.节奏与韵律

① 节奏是一种有规律的、反复的连续进行的完整运动形式。节奏不仅限于声音层面，景物的运动和情感的运动也会形成节奏。如园林的造景、布局、绿化等都强调节奏感和韵律美。它是产生形式美不可忽视的一种艺术手法，一切艺术都与节奏和韵律有关（图1-43、图1-44）。

图1-43 在这个景观平面图中，不同的线将空间划分成形状丰富的状貌，恍如蜘蛛网充满了自由的节奏感

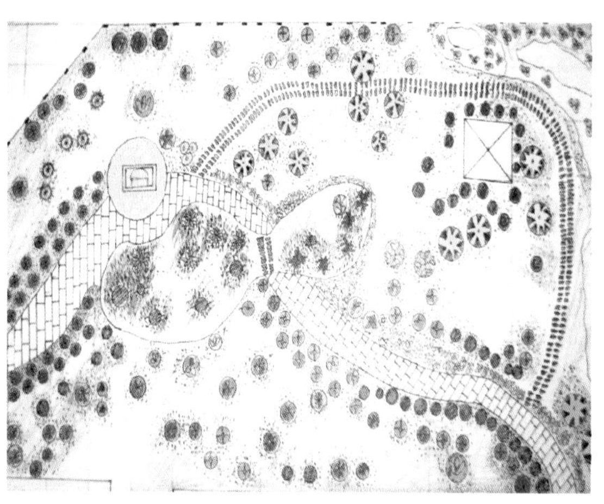

图1-44 与图1-27比较而言，本植物配置图节奏与韵律感较弱，显得散而花乱

② 韵律指某些物体运动的均匀的节律。如微风吹拂湖面，水纹起伏的律动，它主要体现为一种和谐的感受。当形、线、色、块整齐而有条理地重复出现，或富有变化地重复排列时，就可获得节奏感（图1-45）。绿化装饰中的节奏主要体现在动静、虚实、疏密、高低、刚柔、曲直、方圆、大小、错落等对比关系的配合。

(a)

(b)

图1-45 水岸及花台的曲线美让观者强烈地感受到韵律的存在

三、色彩构成及其在园林景观中的运用

色彩因光的存在而存在，它使得人类生活的环境斑斓多姿，人们目之所及，进入眼帘的往往先是色彩感觉，然后才是事物的形状、质感、材料等其他特质。色相环见图1-46。人们对色彩的感知是一种不经意的直觉，而就在这不经意间获取的色彩印象往往是色彩最真实、最生动的写照。尤其是对那些写生的人而言，色彩的最初印象尤其重要，比如

图1-46 色相环

印象派画家对一个干草垛的孜孜不倦的描绘。色彩是抒情的、感性的，是表象的客观存在。

1.色彩的分类

划分的依据不同，人们对色彩的分类也不同，如有彩色、无彩色、冷暖色、写生色彩、装饰色彩、设计色彩等。

2.色彩构成的基本特征

（1）色彩三属性

① 明度：色彩较黑白两色的明亮程度。

② 纯度：色彩的纯净程度，一种色和其他色调和得次数越多，纯度越低。

③ 色相：色彩的相貌、外在特征。

（2）色彩的三原色

不能用其他颜色混合而成的色彩叫原色。原色可以混合出其他色彩，但并不是所有的颜色都可以用原色相混而得，如金、银等色。

原色包含两个系统，即色料三原色、光色三原色（图1-47）。物理学家大卫·鲁伯特发现颜料原色只是红、黄、蓝三色，这三种色彩可以混合成其他千变万化的色彩。原色之间相互混合，明度、纯度逐渐降低，如黄色和蓝色相调和，形成不同情况的绿色，其色彩明度比黄色更弱；当三原色相混合时，得到浓重的深黑色。光的三原色是红、绿、蓝三色，1802年生理学家汤麦斯·杨根据眼睛的视觉生理特征提出了光色三原色理论，后来物理学家马克思·韦尔也证实了该理论。三色光的混合与原料色混合情况截然不同，得到的是白色光。

(a) 色料三原色

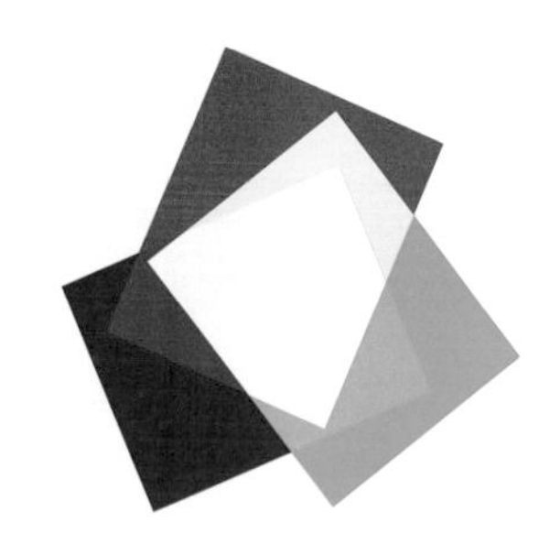

(b) 光色三原色

图1-47 三原色

（3）色彩的相互关系

① 类似色：凡在色相环上60° 以内的颜色，统称为类似色；用类似色的颜色表现主题可以实现色彩的融合，很容易使画面产生协调、清新的视觉效果（图1-48）。

② 对比色：在色相环上色相距离为120° 左右的色彩为对比色，如图1-38中，大红与钻蓝、中黄与湖蓝，视觉对比效果较为强烈（图1-49）。

图1-48 类似色及其在园林中的运用

图1-49 对比色

③ 互补色：色相距离在色相环上呈180° 左右的颜色，或称补色。互补色是色相环中对比差异最大的对应色，具有鲜艳的对比效果，浓烈而艳丽，配色难度较大。两互补色料如果相调和则会得到浑浊的色彩效果（图1-50）。

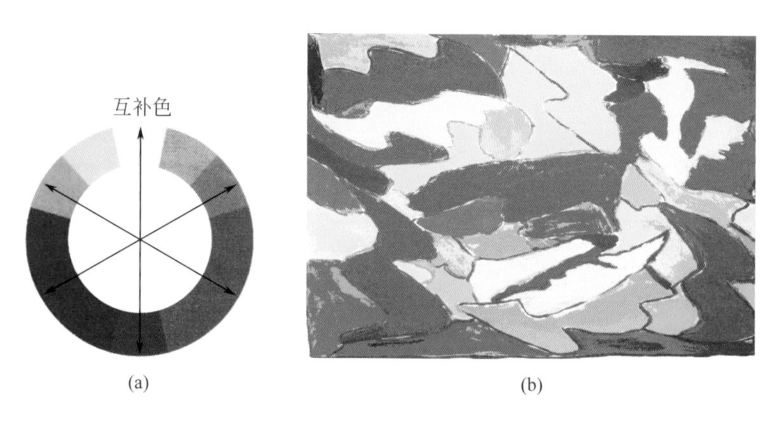

图1-50 互补色及其练习

右图是某幼儿园游乐区，根据儿童的特点，用色鲜艳、单纯，具有较强烈的视觉效果

④ 暖色：暖色指红色、黄色、紫色，具有舒适、热情而充满活力的特点和突出、向前移动的可视化效果（图1-51）。

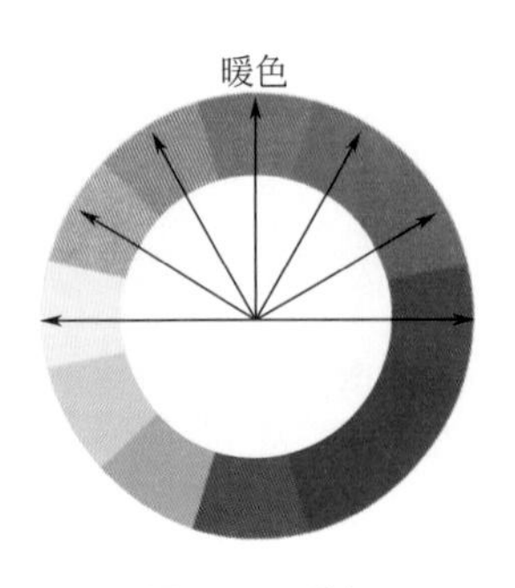

图1-51 暖色

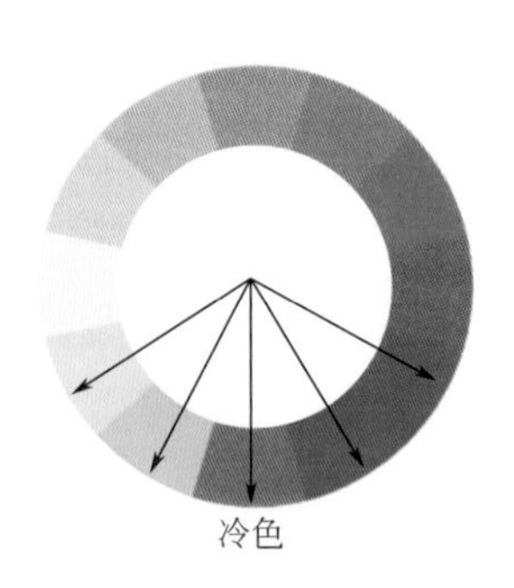

图1-52 冷色

⑤ 冷色：冷色以蓝色为主，包括蓝色、青色和绿色，这些色彩在画面的运动，有一种冷静、收敛的视觉效果（图1-52）。

冷色和暖色只是狭义的概念，具有相对性。人们对色彩冷暖性质的感知会因为色彩环境的不同而产生变化，有时暖色可能显冷性，有时冷色显暖性。

⑥ 色调：色调是指色彩外观的基本倾向。在明度、纯度、色相这三个要素中，当某种因素起主导作用时，可以称之为某种色调。如绿色调（绿色是画面的主要特征）（图1-53）；低长调（暗色调结合强明度对比，如图1-54）。色调的产生来自对客观世界的反映，又是主观分析思考、归纳概括的产物。如果想使画面的色调从意境上更加凝练，更深邃动人，就要采取夸张、提炼、概括等艺术加工手段。

色调在表现色彩画主题的情调、意境，传达情感上具有主导作用。它能直观地使欣赏者受到情感的感染，从而产生美的联想。色调强调“和谐”，融对比与调和、变化与统一于一体，和谐是色调永恒的主题。在园林造景中，色彩的搭配关系非常重要，尤其是环境意境的营造，更是其他手法所无法替代的。其中植物的绿化和装饰作用是主要的色彩造景手段之一（图1-55）。

图1-53 日本画家东山魁夷的作品

宁静、素雅的色调表现了梦幻般的田园景色，其表现手法就是在感受真实色调的基础上，进一步提炼、夸张、概括

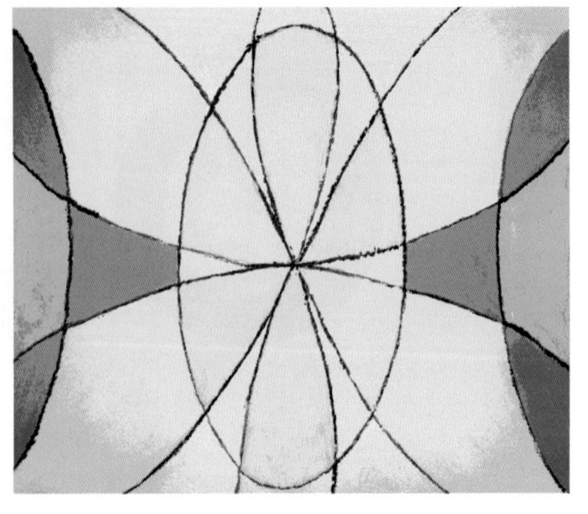

图1-54 以情绪体会为主的恬静色调，以明度对比为主的低长调练习

本图在暗色中点缀亮色

(a)

(b)

图1-55 苏州园林粉墙黛瓦的色调与私家园林主人的文人身份和审美理相吻合，显得幽静而雅致

四、立体构成及其在园林景观中的运用

1.立体构成常识

立体构成是以一定的材料，以视觉为基础，以力学为依据，将造型要素按照一定的构成原则，进行三维度空间的构形。客观事物总是以色彩、形状、立体空间、材料、声、光等形式综合表现出来的，形和体更反映出造型艺术的本质，表现出“体量感”“张力感”“空间感”。立体构成和二维平面构成既有联系又有区别，联系在于二者都是对形态构成语言、表现规律、表现手段等进行探索，区别在于立体构成是三维的实体形态和虚空形态的构成，结构要符合力学的要求。平面构成是立体构成的基础。二维形态与三维形态可以相互转变，如易拉罐，当把它展开来就是一个二维平面的图形了。生活中很多立体型都可以实现向二维的转变。立体构成应用的范围相当广泛：建筑设计、工业设计、展示设计、环境设计、产品包装设计、装饰设计、服装设计等。

2.立体构成的基本要素

（1）形态要素

① 点材要素在立体构成中起到装饰和点缀的作用，或者起到分割区域、限定空间的作用。点的形态多异，材料选取也相当灵活，如透明材质、软质、硬质等。点的密集排列可以产生线的感觉和面的感觉（图1-56）。

图1-56 点的立体构成

② 线材具有限定区域、装饰、框架、遮拦和体现结构等作用。线材的空间感最强，可以构成半虚的面，并有不同的形态，如斜线、垂直线、水平线、曲线、自由线等。线的密集排列可以产生面的感觉（图1-57）。

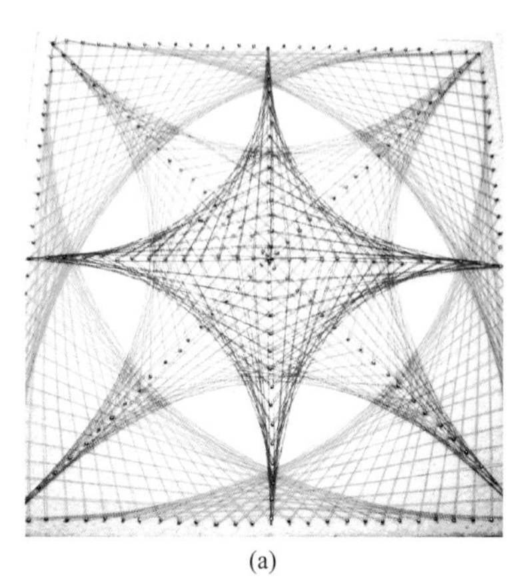
(a)

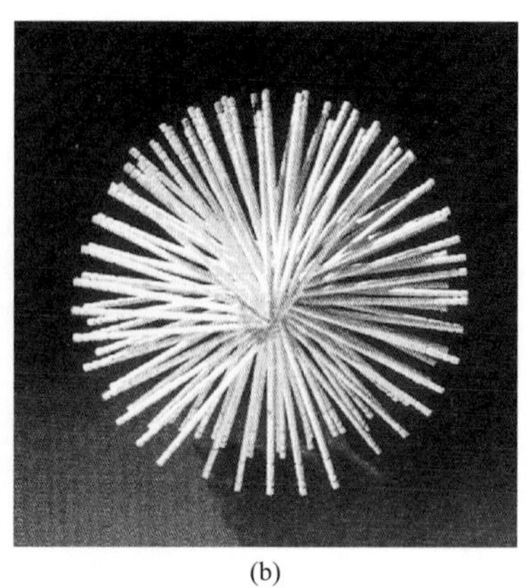
(b)

图1-57 线的立体构成

③ 面材要素是立体形态的主要特征，面材具有阻隔、遮挡和分割空间的作用，分实面和虚面，在形态上有几何面、自由形等。面材的连续排列可以形成不同的块面变化（图1-58a、图1-59）。

④ 块材要素反映的是实体、质量、重量、力度、空间等。块材在形态上有方体、锥体、球体、曲体、异形块（图1-58b）等。块材可以单独构形，也可以同其他形态组合构形。

（2）关系要素　即形体自身的结构关系，形体与形体之间的关系，形体与空间的关系等。立体构成是对形态进行分解和再次组合的活动，对关系的处理与经营是决定构成效果成败的关键，如对材料关系、色彩关系、结构关系等的综合考虑。

（3）空间要素　立体构成有实体空间和虚体空间之分。实体是立体的基本表现形式，即正形；虚体是基本形的围合空间、缝隙等副空间。以雕塑为例，古典雕塑更加重视实

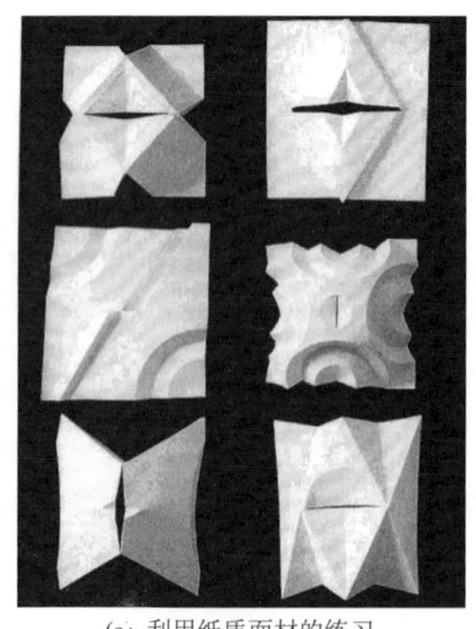
(a) 利用纸质面材的练习

(b) 太湖石的正负形，彼此共生，相互衬托

图1-58 面的立体构成

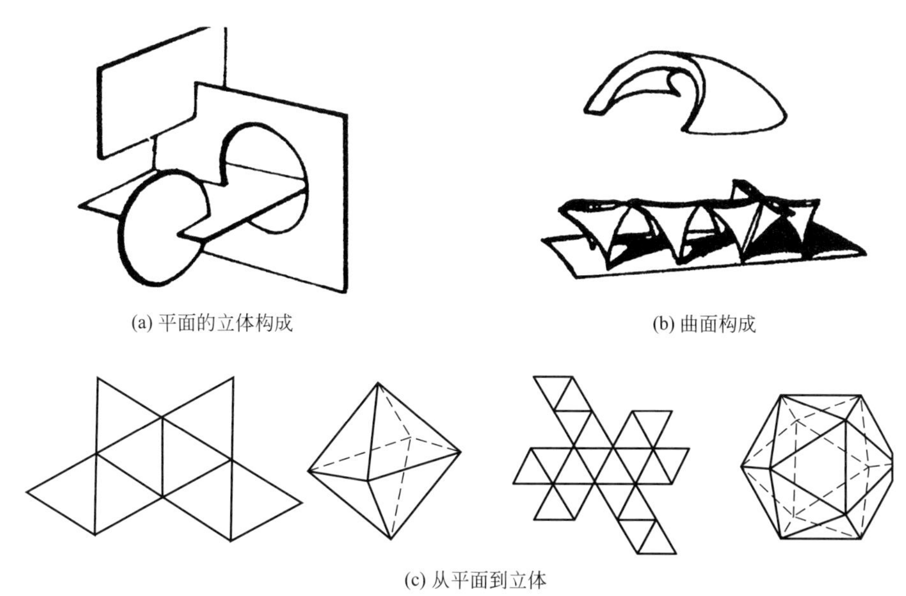

(a) 平面的立体构成　(b) 曲面构成

(c) 从平面到立体

图1-59　立体构成纸质折叠图

体本身；而现代雕塑和立体构成则注重虚体空间的表达，使虚实两体达到和谐的完美统一，并与周围的空间融为一体。

（4）美感要素　美感是一种审美心理，而美是各种关系在形式上的统一，这种关系能够被人的五官所感知。这些形式是指通常人们所说的对称与平衡、节奏与韵律、对比与呼应、统一与多样、变化与秩序、比例与尺度等。

（5）材料要素　材料是立体构成的重要元素，不同的材料具有不同的功能和特性，反映出不同的审美感受，如玻璃、木材、塑料、金属等。材料的物理特性、力学特性、质感、肌理效果等特性将直接影响人的感官，从而使人产生丰富的心理效应，如金属坚硬生冷，给人以力度感、距离感和现代感；而纺织品柔软温和，给人以亲切感。

3.立体构成的表现形式

（1）线体构成　根据线质材料的软硬特点的不同，为了便于制作，硬质线构成分为平行排列、发射排列、交叉排列、规律叠积、渐变叠积、框架搭接；软质线构成分为螺旋转动、扭转弯曲、自由弯曲、曲线弯曲等；此外还有硬质线与框架的构成、半软质线的构成等。

（2）面体构成　面材的构成形式有规律排列、渐变排列、交错排列、弯曲排列、扭曲排列、螺旋排列；使用材料主要是纸质，作品整齐、规律，充满秩序美。

线体、面体构成参见图1-60～图1-65。

（3）体块构成　体块的重要审美特征就是“体量感”。如何体现量感，可以通过以下几种途径获得。

① 将原来的圆锥体、球体、立方体等块体进行变形，使之形成新的块，从而改变原来体块的量感，产生新的量感。

图1-60　桥梁斜拉索及雕塑展示线的构成之美

图1-61　瀑布是面与块的组合

图1-62　浅浮雕的线面体构成

图1-63　环形体切断构成

图1-64　花架造型线与面

图1-65　光的构成美

② 改变重力的方向性：改变原体块的重力方向，使其产生上升、前进或下沉的视觉感受。

③ 经营虚体：通过对虚空间的关注，让虚体为体现实体更有效地服务，使虚实空间完美结合。通过对体块进行凹陷、凸起、镂空、残缺与完美、形的正负、虚实、切割等手段的处理，使得体块的体感、量感得以非常丰富地展现。现代建筑、景观设计、雕塑、展示等设计领域大量地借鉴了立体构成的表现手法，反过来又丰富着立体构成的内容。

园林景观设计的美学原则与构成的美学原则是相同的。但人们不能为了形式而追求形式，忘却了园林设计的思想，它需要形式与内容的高度统一，在借鉴构成艺术的同时，不能忽视了园林设计的特殊性。构成艺术着眼于形式，而作为园林设计师首先要考虑的应该是设计对象的内容。园林的形式是园林内容存在的状态，没有无形式的内容，也没有无内容的形式。园林的内容决定其形式，园林的形式依赖于内容表达主题。造园思想决定着园林的内容，它起着主导的作用。在园林绿化设计当中，绿化装饰的形式美，不仅是自然美，而且还是人工美、再创造美，这点西方园林表现得更为突出。为了增强环境的视觉表现效果，在借鉴构成的同时切忌生搬硬套而要灵活应用。造园思想才是园林的灵魂，人们追求的应该是内容与形式的完美统一。

思考与练习

1. 简述园林美术与绘画、建筑、雕塑、装饰等艺术的关系。
2. 简述园林美术与平面、色彩、立体等构成艺术的关系。
3. 根据本章提供的图片进行相应的临摹练习与说明。

第二章

园林素描速写技法

技能目标与教学要求

通过临摹与写生训练，对所表达的形体、结构、比例、透视、空间、造型、质感、黑白灰等素描速写语言有一个初步认知，从而掌握物体造型基本功和组织构图能力。素描速写学习是围绕现实主义创作原则展开的，立足于传统具象写实的原则，进行造型规律、形式规律的探索、研究，以对客观物象的研究作为美术入门之本。在素描速写静物学习中，以几何形体作业作为学习的开始，认识几何形体和静物在空间中的透视原理及其普遍意义。学习中注意对造型语言的思考和把握，以线性结构素描速写、光影明暗素描速写及多种表现手法为学习单元，分别展开学习。有针对性地进行训练，培养敏锐的艺术感觉和独特的艺术个性及艺术创造力。通过素描速写训练，全面提高审美水平和创作技能，夯实绘画基础，培养操作能力，为进一步学习园林园艺规划设计表现和施工制作实践打下坚实的专业基础。

第一节 素描速写基本技法

一、素描速写基础知识

（一）素描与速写的概述

素描为一种基本的造型艺术，用以表达作者思想、概念、态度、感情，有象征甚至幻想、抽象的表现形式。它不像其他绘画那样需要用完全的彩色来表现主题目的，而只着重物象结构和画面形式的单色表达。速写是指用于学习美术技巧、探索造型规律、培养专业习惯的绘画训练过程和简洁明快的作品形式。一般素描与速写作为绘画基础练习或搜集创作设计素材的表现形式时，都被称为“造型艺术的基础”。以上意义上的素描与速写都指的是在二维平面上用单色线条或块面来塑造形象的绘画形式，其表现手法分为线性结构素描速写和光影明暗素描速写。设计素描速写强调的是它的训练要求和服务方向，学习素描速写的目的是为了认识和实现园林景观建设。

（二）作画工具、材料及使用

素描与速写的工具种类很多，如石笔、炭笔、铁笔、粉笔、毛笔、铅笔和钢笔等。工具不同，表现效果也不同，同时也影响作画者的情感和技巧。工具的选用取决于作画者所想要表达的艺术效果。所以在作画前要熟悉常用的工具与材料，以利于造型训练及技能、技巧的掌握。

1.一般作画工具、材料

（1）铅笔　铅笔是最简单而方便的工具，初学素描者常从使用铅笔开始。铅笔笔芯有软硬浓淡之分，用“B”与“H”来区分。从软到硬分为6B、5B、4B、3B、2B、B、HB、H、2H、3H、4H、5H、6H。B数越大笔芯就越黑、越软；H数越大就越硬，颜色越浅；以HB为中界线。为了更适应绘画需要，又有了7B、8B，称为绘画铅笔。由于种类较多，因此，铅笔能很好地表现出浓淡层次丰富的明暗调子。

铅笔在用线造型中可以十分精确而肯定，并能较随意地修改，可以较为深入细致地刻划细部，能够满足严谨的形体要求，有利于深入反复地研究。

（2）钢笔　包括一切自来水型硬质笔尖的笔。使用日常书写的钢笔绘画也可以，一般都做一点加工，将钢笔尖用小钳子往里弯30度左右，令其正写纤细流利，反写粗细控制自如，即美工笔。

（3）纸张　铅笔画纸纸纹粗糙，但不宜太粗，且应纸质密实；炭笔画纸表面不能太光滑；而钢笔画纸却要较光滑的纸面，还要有一定的吸水性。

（4）橡皮　以柔软的橡皮为佳。橡皮不仅用于修改画面的错误，还能适当擦出一定笔触效果。

（5）画板　画板或画夹应选择光滑无缝的为最好。站着进行绘画，还需准备一个画架，以便支起画板使用。

（6）其他　素描绘画过程中还需用到很多辅助工具与材料，如削笔刀、夹子、图钉、胶带、擦布等。

2.工具、材料的使用

作画时画板要竖放，不能平放作画。一般来说作画者与画板保持一定距离，一般以自然伸直手臂为好，便于描绘刻画物象。视线应与实物和画面都要保持垂直，画板高度要适当，不要太低或太高，否则就会产生不正常的透视关系。作画者与写生物象和画面的距离，应保持在所画物象高度的2 ～ 4倍之内，以便于整体地观察物象；也可常常稍远一些，来观察与比较实物与画面物象的种种状况。

握笔方法有横握法和斜握法。

① 横握法：画素描一般不用平常写字的执笔法，通常把铅笔置于掌下，由拇指、食指、中指捏笔，笔尖距离手指有大约一寸（3.3cm），铅笔与画板保持约30°。使用横握的素描执笔方法，画出的线条平直、流畅，且腕力与肘力能得到很好的发挥，线条具有一定力度，多为画长线条。初学者刚开始较为不习惯这种握笔方法。

② 斜握法：与平时我们写字的执笔法一样，较易于刻画某一细节部位形象，且运笔幅度较小，多为画短线条（图2-1）。

(a) 适合大面积铺色调

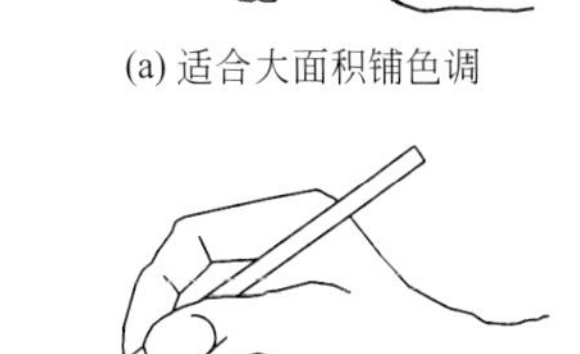

(b) 适合小面积刻画

图2-1　握笔

（三）观察与理解

学习素描速写的要领首先是学会观察，观察的准确性取决于对研究对象的认识，而这种认识只有通过画者亲身的感受才能获得。观察要求画者整体地、联系地、本质地观察对象的全貌和本质。素描从一开始就要养成整体观察物体形状的习惯，分析形体特征和比例关系。造型规律的掌握与运用是培养正确的思维方法的过程。在素描训练过程中，应充分体现学习者解决各种关系的思维能力。对于形象本质特征的观察和理解，不仅仅是为了把形象画准确，还是一种提高审美能力和掌握艺术表现语言的需要。德加说："素描画的不是形体，而是对形体的观察。"素描代表着画者对造型的观察、对造型的思考、对视觉信息的反应和处理的方式。所谓"观察"，其实质是一种思考的方式，是对自然物象的构造、机能、明暗等造型现象的一种特殊的认识方式。在这个过程中，素描只是感受形式的手段，而不是目的。从视觉思维角度来看，素描是个人对于视觉信息最直接的反应和处理，是因一定的情感或理念的指向而趋于深化的一种视觉演化过程，具有多方位、多角度地处理视觉信息的特殊意义。素描一方面形成了画者特有的造型思维方式，另一方面形成了促成这些造型思维方式的基本要素——审美素质和造型能力。它涉及对从观察、洞悉、想象乃至个人审美反应的整个造型过程的认识。初学者还可以用铅笔来测量物体的比例（图2-2）。

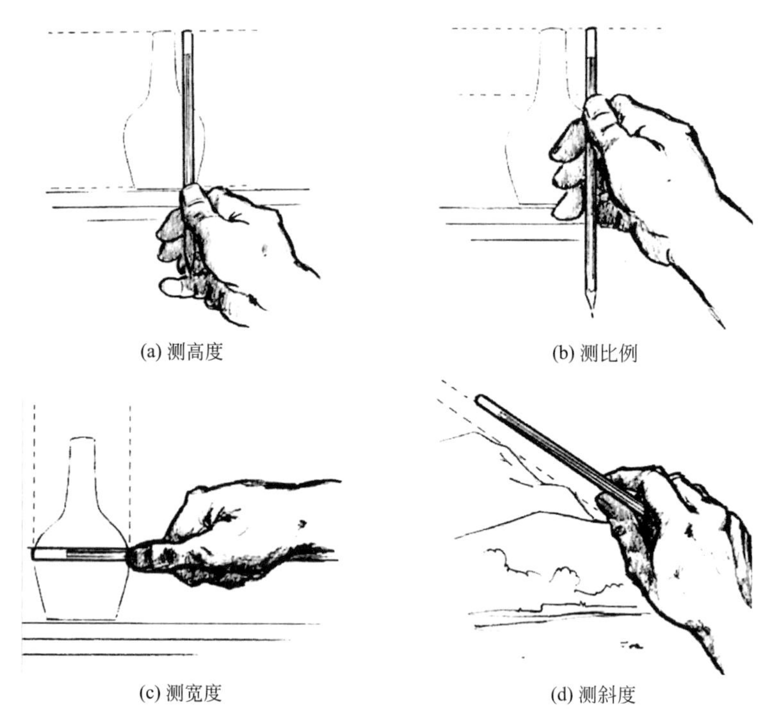

图2-2　用铅笔测量物体的比例

① 测高度：将铅笔垂直竖起，手臂指向目标（本例中为一花瓶），手臂伸直，闭上一只眼，把铅笔的顶端和花瓶的瓶口对齐，拇指下滑，对齐花瓶底部。

② 测比例：为比较花瓶全高和瓶颈的高度，握笔并伸直手臂，铅笔顶端对齐瓶口。然后，移动拇指至瓶颈结束的部分。瓶颈高度约为全高的三分之一。要站在同一位置，不能前后移动。

③ 测宽度：为比较高和宽，转动手腕使铅笔水平。把铅笔端部与花瓶一侧对齐，移动拇指直至指尖与花瓶的另一侧对齐。花瓶的宽度大约为高度的一半(另一表述方式是花瓶高两份、宽一份)。

④ 测斜度：拇指－铅笔法也不失为测定斜坡坡度的好方法，比如测山坡的坡度，转动手腕，使铅笔的倾斜程度与目标的坡度一致，然后迅速转到画纸上，画出一倾斜程度约等于铅笔倾斜度的辅助线，按辅助线画出山坡，然后擦掉辅助线。

（四）结构与比例

1.结构

结构包括物象结构和画面结构，是指物象和画面各个组成部分的结合关系；最基本的关系是各个局部之间的几何构成方式，是点、线、面、形、体在物象与画面上的综合表现，包括平面构成、立体构成、色彩构成在空间位置和时间推移上的变化关系。某一结构关系必须从不同角度进行全方位的观察才能得知。平面与平面、立体与立体、平面与立体、色彩与色彩等相互之间在物象和画面间进行转换，从而形成结构。

2. 比例

比例包括物象比例和画面比例，是物象和画面各个结构之间距离关系的比值数据。它是结构之美的物象和画面存在的基本因素，是准确发掘与测量、记录与复制、模仿与创造的根据。

（五）笔触与质感

运用各类线条来表现对象结构、形体、光影、质感、量感，是具有很丰富的笔触表现力的。线条有长短、粗细、浓淡、疏密、交叉等轻重虚实的变化。一般来说，画背景和大件物体用长线条，画前景和细节用短线条；画主要部分和亮部用较细和较淡的线条，画次要物和暗部用粗线条和浓线条。常用交叉线条作画，以顺手随意为度。平时要多作线条的练习，使线条自然流畅，疏密有致，浓淡适宜和层次清楚（图2-3）。

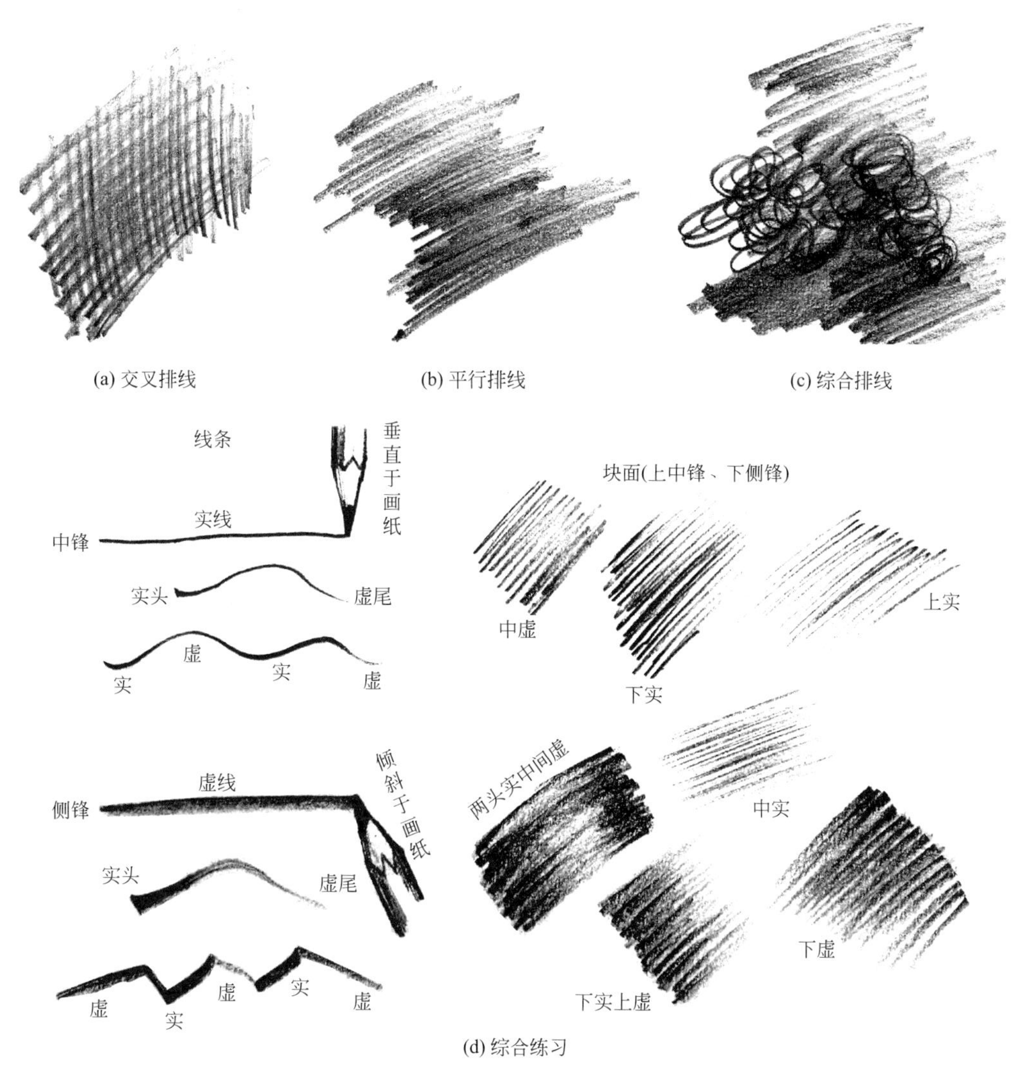

图2-3 线条练习

质感是用不同的笔触画出物体色调和由于光线反射而出现在物体表面肌理上的特征（图2-4）。

图2-4　铅笔画（作者：范洲衡）

质感表现的过程见图2-5。各种线条笔触塑造了表面的质感肌理，刻画洋葱、黄瓜的灰色调及某些部分虚实对比时运用了手擦模糊法。

（六）透视与构图

1.透视规律

透视是由于物体之间或同一物体的不同部分之间所处空间位置远近不同引起的近大远小的变化现象（图2-6）。透视的分类大致有三种：平行透视、成角透视、多点透视。一点透视为平行透视，两点透视为成角透视。关于透视，在绘画中应注意的一些特性如下。

近大远小：近大远小是人视觉的自然感受，正确利用这种性质有利于表现物体的纵深感和体积感，从而在二维的画面上来表现出三维的体积感、空间感。

近实远虚：由于视觉的原因，近处的物体显得较清晰，而远处的物体会让人感觉较模糊，在绘画中也常用来表现物体的空间感、层次感。

(a) 实物

(b) 第一步：合理搭配，特写果蔬，夸张放大，以表示丰盛——立意构图

(c) 第二步：以不同快慢曲直、深浅浓淡的点、线、面笔触明确各个物象的基本结构、色调关系

(d) 第三步：进一步调整明暗色调、结构质感，突出各个物象的结构肌理及亮部高光，从比较它们所在的位置、形状及亮度关系和暗部的反光虚实关系，来表现质感的特征

图2-5　质感表现（作者：范洲衡）

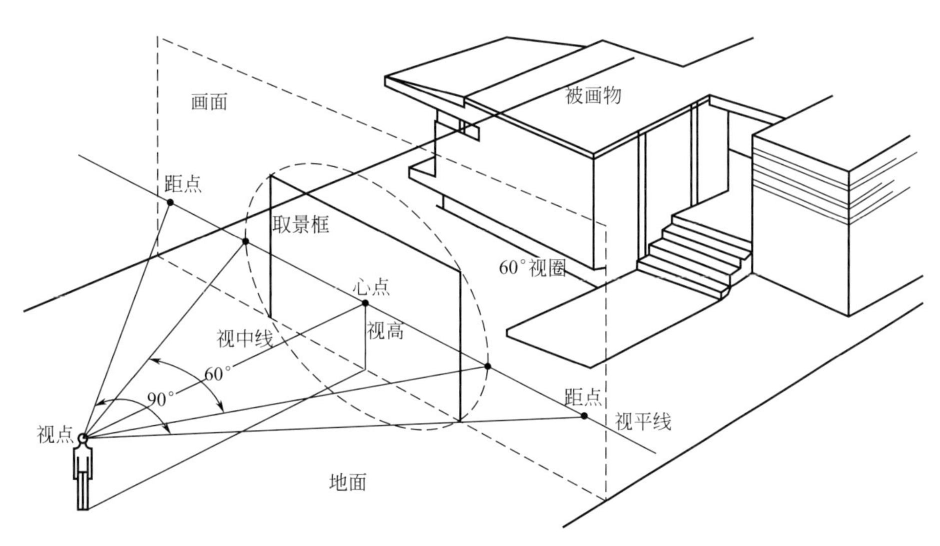

图2-6　透视规律

2.立方体透视变化规律

（1）平行透视（一点透视，图2-7） 在60°视域中，立方体不论在什么位置，只要保持有一个面与画面平行，就构成了平行透视关系。平行透视中立方体只有一个消失点，即心点；立方体与画面平行的线没有角度变化，但有长短变化，与画面垂直的线都消失于心点。由于视点位置不同，立方体的平行透视有九种形态。

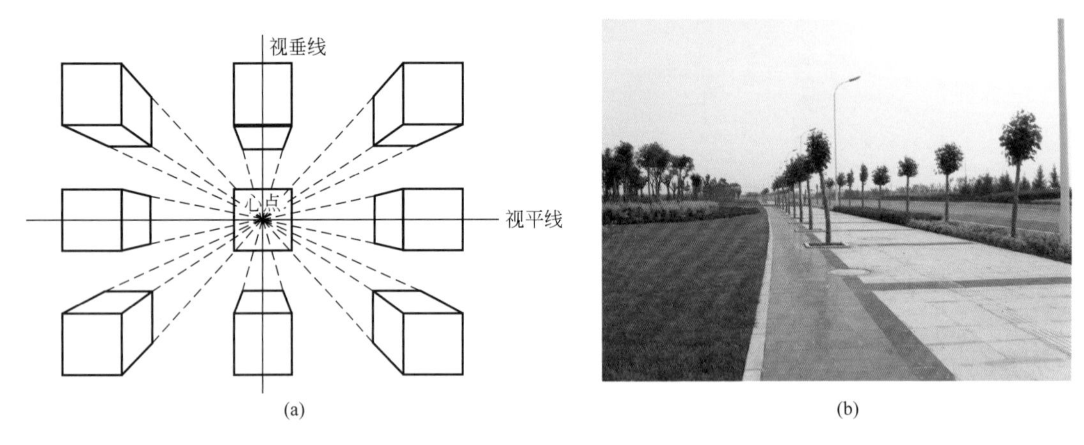

(a) (b)

图2-7 平行透视

（2）成角透视（二点透视，图2-8） 在60° 视域中，如果物体的任何面都不平行于画面，有一条距离画面最近的边，就构成了成角透视。这种透视关系最常见，比平行透视更复杂。成角透视中立方体的任何一个体面都失去原有的正方形特征，产生透视缩形

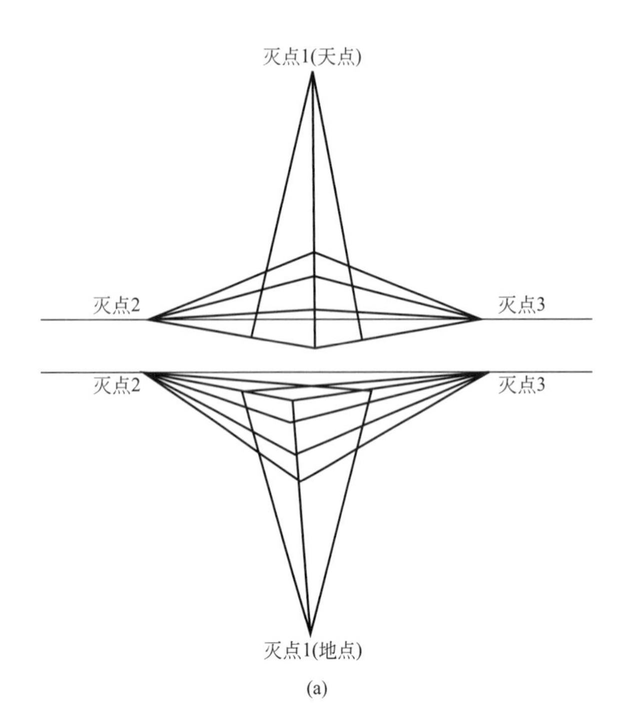

(a)

(b)

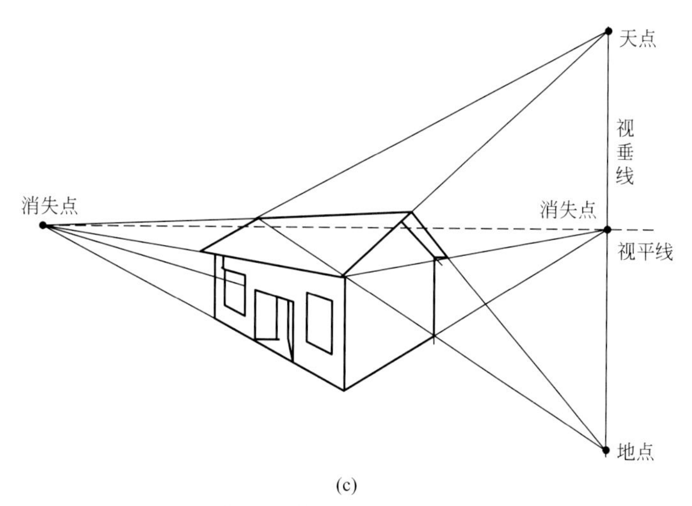

(c)

图2-8 成角透视与倾斜透视

天点：就是倾斜物体（房盖的前面）消失在视平线以上的点；
地点：就是倾斜物体（房盖的后面）消失在视平线以下的点

变化；立方体不同方向的三组结构线中，与地平面垂直的仍然垂直，与画面成一定角度的两组线分别向左、右两个方向汇集，消失于两个灭点。离观察者越近，两条成角边的夹角就越小；离观察者越远，两条成角边的夹角就越大；当立方体上下移动时，越接近视平线，两条成角边的夹角越大，最后成为一条直线。

（3）倾斜透视（多点透视，图2-8） 一是仰视和俯视，二是前后倾斜面的透视。倾斜透视中大都有三个及以上消失点，故也称“多点透视”。

3.圆面、圆柱体与球体的透视变化规律

当以90°正对着圆时，圆显示的是正圆；当侧对着圆时，圆在视觉上就变成了椭圆，角度越大，变化越大；当水平圆平面与视点在同一高度时，圆就变成了一条直线（图2-9）。

(a)

(b)

(c)

图2-9 视点与圆的变化

（1）圆面透视变化规律 正圆的透视变化可以采取方中求圆的方法来研究。正圆的两条垂直直径与圆的边相交于四点，以这四点作圆的切线，四线相交是一个正方形。一个平置的圆距离视平线越远，它上下的宽度就越宽，曲度越明显；距离视平线越近，上下的宽度就越窄，曲度越平缓，最后压缩为一条直线。

（2）圆柱体的透视变化　圆柱体可以理解成是由许多圆面重叠组合而成。因此，圆柱体顶面和底面的变化与圆面的透视变化规律是一致的。圆柱体长短的变化与圆面宽窄成反比，圆面越窄，柱体长度越接近原有长度；圆面越宽，柱体的长度则越短。当圆柱的顶面与底面同画面有远近之分时，柱体则呈现近宽远窄的透视变化。

（3）球体的透视变化　根据圆球体的形体结构，球心到体面任意一点的距离都相等，因此，从任何角度观察都有同样的圆形轮廓。球体的透视变化主要表现于轮廓线以内的体面明暗交界线，随着光源角度的改变，明暗交界线产生不同的倾角透视，越接近球体边缘，轮廓线弯曲越大。

4.构图规律

所谓构图，就是将物体合理地安排在画面上，注重其主次、虚实、前后空间等，使画面更具美感（图2-10）。构图规律如下。

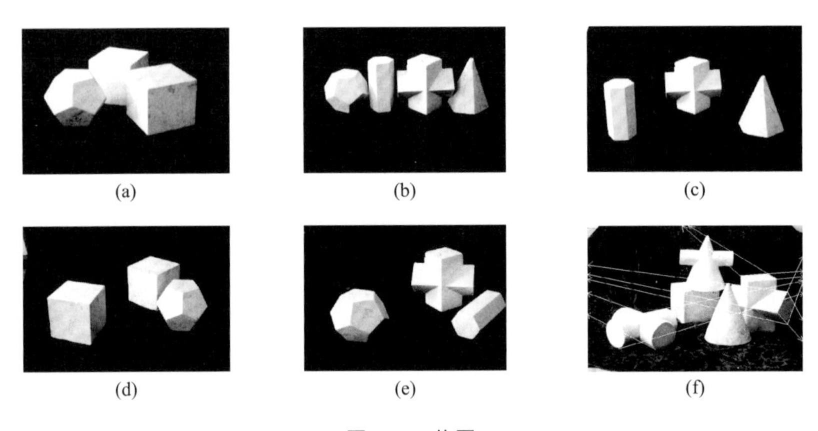

图2-10　构图

(a) 物体间前后缩在一团，画面显得比较紧，空间不活；(b) 不同形状的物体在位置上一字排列，显得整齐、呆板；(c) 画面构图刚好从中平分成对称的两半，画面显得严肃没变化；(d) 物体在高低、大小和前后的位置上有变化，画面很统一，但有两个完全相同的物体，显得比较单调、乏味；(e) 主体放在画面的中间，略偏中，次要物体偏边，是正确的，但主体和次要物体体积大小、类型相近，使整个画面主体不够明确突出，应该拉开主次对比关系更好；(f) 整体看来比较自然一些

（1）多样统一规律　不同的物体摆放在一起，由于形体、体积、大小、高低、立卧的差异而使画面多样而富有变化，画面既要有变化，还要有统一，就是“协调”。多样统一的构图规律要求画面统一在总体中，内容形式富有变化而不失去整体感。

（2）平衡重心规律　在绘画的构图中，一般的画面都强调重心平衡，其主要目的是要让画面结构生动且富有动感，又不失去视觉的平衡感。

（3）疏密层次规律　疏密是构图中的一个重要方面，只有疏没有密，画面显得分散；只有密没有疏，画面显得拥挤；只有疏密结合，才会让视觉松紧舒适。有层次才会有深度、有空间、有主次。

5.透视与构图的综合分析

在写生时，观察一定要整体，要把几个物体当作一个整体来看待，透视与构图要同步进行，不仅要注重单个形体的结构比例，还要与另一个或周围其他物体联系起来进行比较，注重它们的前后空间关系。一定要注意不同位置的组合、不同质的组合、不同量的组合，形成主题鲜明、层次分明的构图关系。

二、铅笔画线性结构素描速写

线性结构素描速写以比例尺度、透视规律、三维空间观念以及形体的内部结构剖析等方面为重点，训练绘制设计预想图的能力；是在学习基础素描的基础上进一步学习设计领域中素描绘画的技法与应用；是把基础训练与园林专业设计有机结合的一个很好的途径；是设计师收集形象资料，表现造型创意，交流设计方案的语言和手段；从研究自然形态中获取更为深入的形态表象的洞察力，从而超越表面的描摹，达到主动认识与创造；是培养设计师形象思维和表现能力的有效方法；是认识形态、创新形态的重要途径。

作为结构性、分析性地研究理解对象，强调用线条刻画对象的形体结构的线性素描速写，亦称设计素描，用来研究物体内部构造关系，以及与外部特征和空间结构之间的整合规律。对结构的认识与表现应考虑到整个画面的构架系统，通过理性的分析，建立画面透视与构图的结构关系。

（一）线性结构素描速写的特点

线性结构素描速写的特点是将形体的内部结构的构成关系与形体作出本质的分析与表现，对许多存在于物象表面的现象及外部条件，如物象本身的色泽、光影规律、复杂的表面形态等，进行单纯化的提炼与概括。

1.注重线条描绘

以明确、生动、富有表现力的线准确地塑造所描绘的对象，并放弃对物象明暗、光影的描绘，注重表现比例、透视、结构及空间，增强作品表现力。对线的理解是重点，要巧妙地运用线型的性质与特点。线型有以下几种。

① 单线与多重线：单线适于表现平面化的肯定的形态；多重线则加强了形态的厚重感、体量感，以及形态的韵律和曲线美。

② 中锋线与侧锋线：中锋线表现了形态的肯定性，适于表现精密的结构形态和丰富的细节；侧锋线则体现了一种生动的随意性。

③ 粗线与细线：粗线适于表现整体感，表现近距离或转折结构肯定、明确的物体；细线适于表现局部或远距离转折结构不太肯定与不太明显的物体。

2.注重内在构造

物体外部形态还包括质感与色泽等，在线性结构素描速写中不仅要放弃光影与明暗，还要舍弃物体表面的色调，要透过物象外表去发现与表达隐含在外表之下的内在的结构关系，即运用透明法想象分析出景物的结构关系。

3.注重比例与透视

在排除物象表面的质感、固有色、光影的同时，还要注重对比例尺度、透视与空间关系的分析和研究。将物象看得见与看不见的部分进行逻辑分析，并有选择地表现。注重内部结构与外部特征的全方位整合，进行透明效果的透视表现。通过学习线性结构素描达到对空间透视与构图的认识。透视现象的本质是平面和体积在空间中由于视点和物体的相对位置的变化而产生的变形。人们对空间的认识完全是建立在透视知觉的条件下的。人们对空间的认识有三种：对空间几何结构的认识，对空间虚空容积量的体验，以及对构成空间限定要素的认识。现代风景园林设计的空间构图概念正是建立在限定要素的基础之上的。

（二）铅笔画石膏线性结构素描速写透视分析

1.石膏立方体结构透视分析

线性结构素描速写中常用立方体进行分析，以理解其他形体的结构构造、形态。借立方体进行表现成为表现空间结构的基本表现方法。许多物体都可纳入方形或立方体中进行剖析与分解，将次要元素省略或概括。

立方体的绘画要从三维空间观念出发，抛开光影效果，注重物体形状和体量，找准立方体的相应结构线，在构造中进行科学的分析与研究，注重造型因素的科学依据和艺术表现力，进行强化概括，去掉干扰视觉的外表形象因素，进行全局观察和整体表达（图2-11）。立方体的绘画要搞明白平行透视(一点透视)和成角透视(二点透视)的基本规律，并通过石膏几何体的反复描摹加以理解；把握好物体的透视，并准确地掌握角度、比例，应把看不见的部分(虚体)也画出来。学习中应注意从物体结构方面去认识，在构造上去把握其内在关系和变化规律。

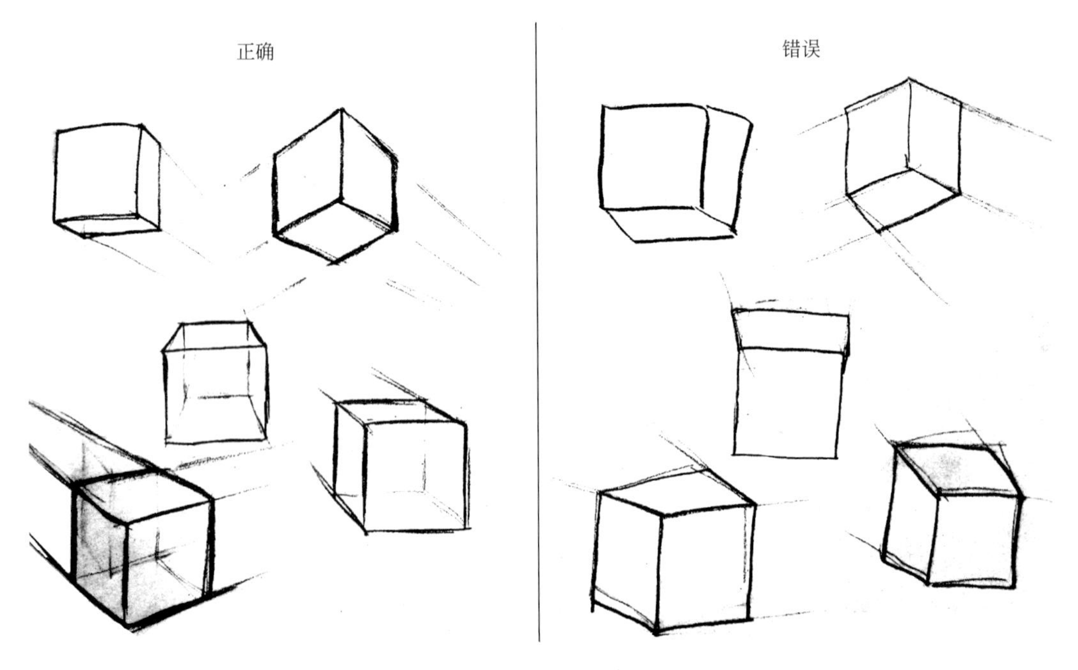

图2-11 立方体的绘画

2. 石膏几何体写生造型的正确与错误比较

注意观察石膏几何体线性素描速写的整体结构与各个局部比例透视关系，见图2-12。

（三）铅笔画静物线性结构素描速写分析

静物线性结构素描速写是现代素描教学样式的一种，它使人们在思维、视点及结构空间组建等方面产生新的概念，从而对素描的内涵有了更宽更深层的理解。它特别强调思维的推理性和逻辑性。静物线性结构素描速写通过对物象内部结构以及各种结构之间的联系作出理性的分析和理解，提高对形体、比例、空间的深刻感受和表达能力，提高

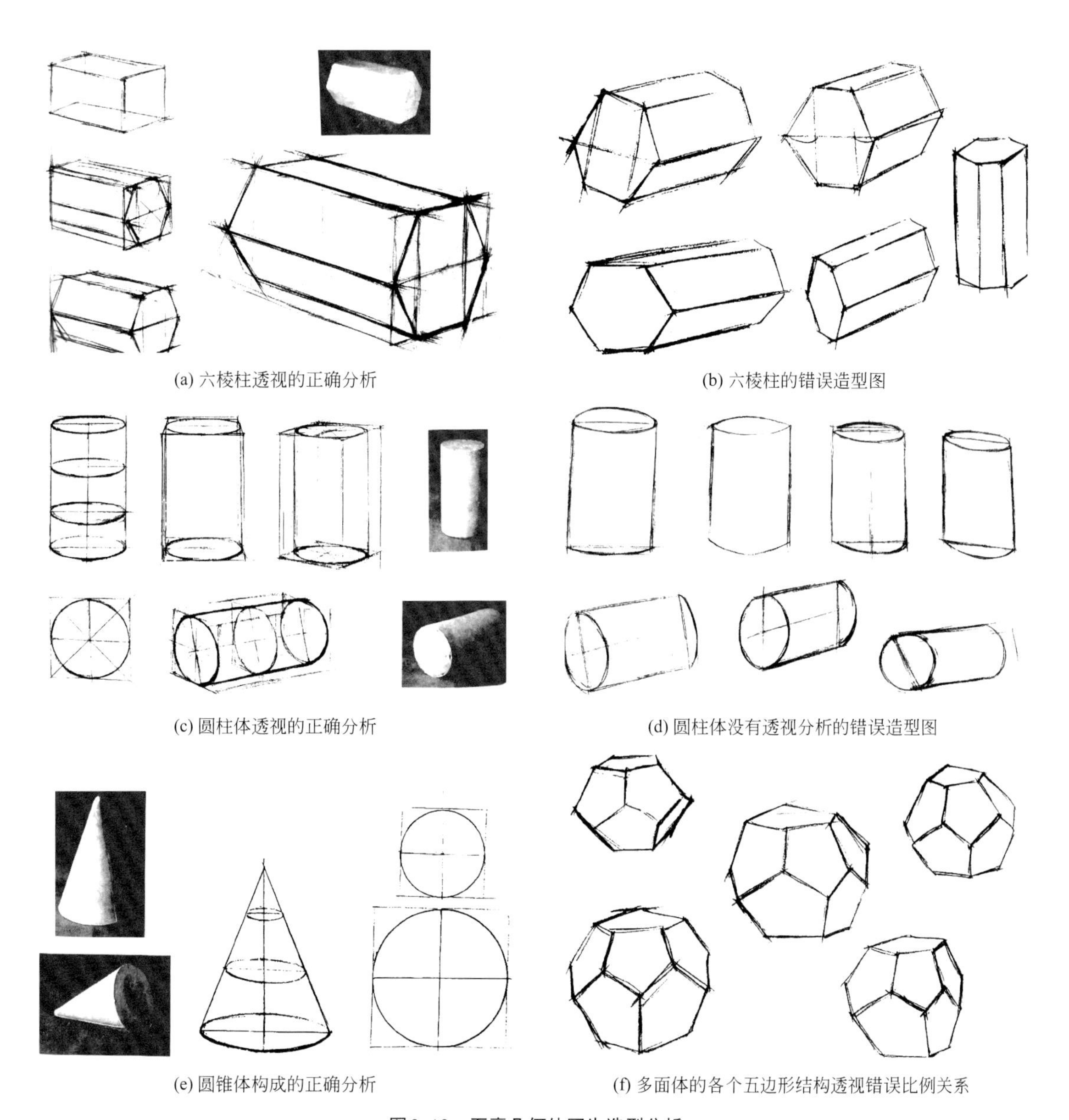

(a) 六棱柱透视的正确分析　(b) 六棱柱的错误造型图

(c) 圆柱体透视的正确分析　(d) 圆柱体没有透视分析的错误造型图

(e) 圆锥体构成的正确分析　(f) 多面体的各个五边形结构透视错误比例关系

图2-12　石膏几何体写生造型分析

逻辑分析能力。在组织构图的同时自觉地领悟构图大小、画面均衡感及物体之间的空间与穿插关系表现。学习中应特别重视逻辑性结构素描的训练，以使形体空间感受能力和思维方式发生本质的变化。“通过圆柱、球体、圆锥来表现自然，把一切都放到透视里去……”(塞尚)。在绘画中运用归纳法，整体地去观察和认识客观自然世界。从物象中的一个点、一条线、一个面以及物象之间的组合关系，物象与背景的生存关系，对布纹进行有意味地主观取舍，从而使画面构成一个有序的整体。运用形式美法则，依靠线形的粗细浓淡变化，表现物体内在的结构穿插关系、前后空间关系以及把握画面的节奏、韵律、对比、调和关系，以提高从感觉到知觉的认识能力。具体应注意表现以下几个方面。

① 设计素描的结构透视分析：分析比较各物体造型的基本结构，了解各物体造型结构的来龙去脉，做到有的放矢，见图2-13。

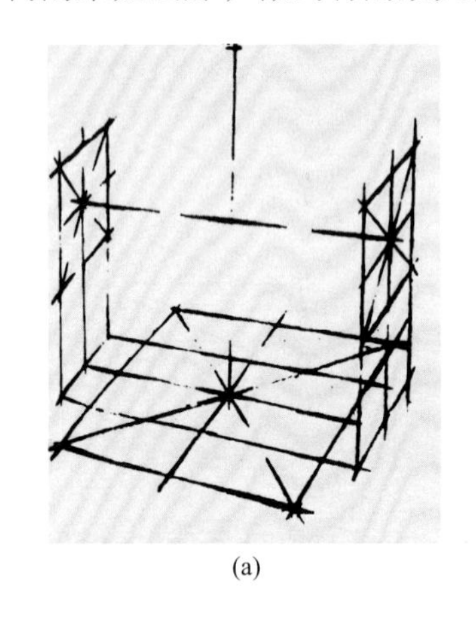
(a)

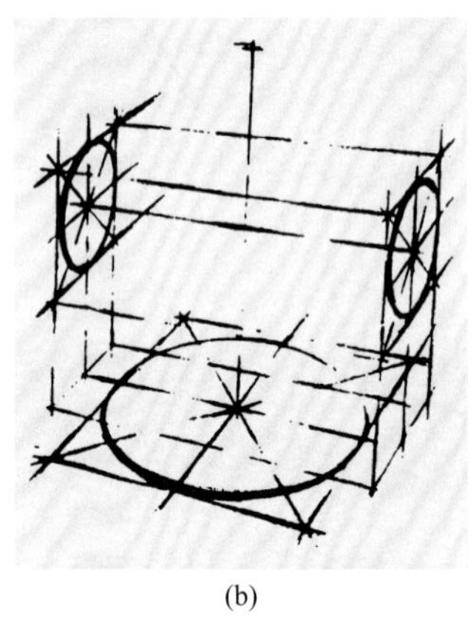
(b)

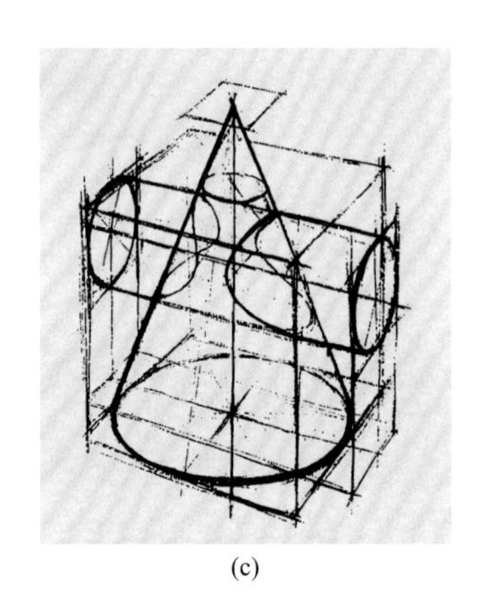
(c)

图2-13 结构透视分析

② 通过透视确定基本构图，将各物体合理归纳成几何形体，恰当地组合成一个完整画面，以形成生动凝练的画面。在构图时要注意主次分明，将主体物安排在视觉中心，同时也要注意画面的均衡与呼应关系，对象在画面中的位置要大小适中，切忌太大太小、过偏过倚，明确各物体的位置及前后关系。

③ 确定各个对象的比例关系，勾画大体轮廓，进一步画出各个形体自身每一部分间的比例关系，见图2-14。

④ 交待结构关系，这是线性结构素描中形体塑造的关键。避免勾画轮廓式的结构框，也不能只画看得见的结构关系。结构的交待要从整体出发，从透视解剖的角度出发，画出各种结构面的转折与延续，要注意理解形体的穿插，从整体体面入手，在大体面中找小体面，在小体面中再找局部体面。

⑤ 深入塑造形体，强调空间关系。除去明暗调子，着重表现物象形体结构中各个部分之间的组合和变化规律，在深入塑造形体时要注重科学的研究，强调线条的准确性和表现性，正确处理物体的主体与空间的关系、局部与整体的关系，注重线条严密和互相交错的节奏韵律变化。

速写作品实例见图2-15、图2-16。

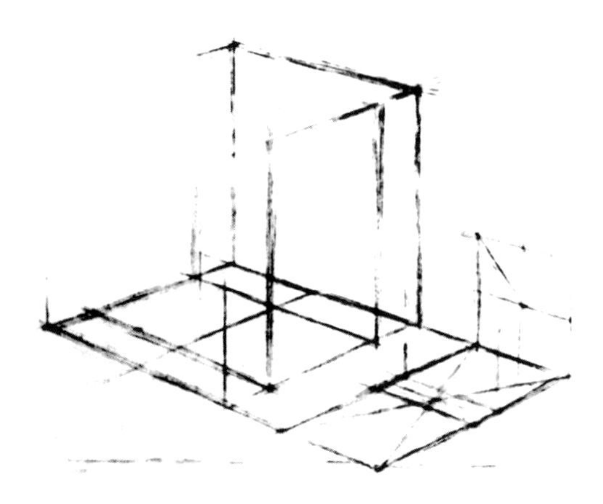

(a) 起稿，明确大体位置、空间形态、透视关系

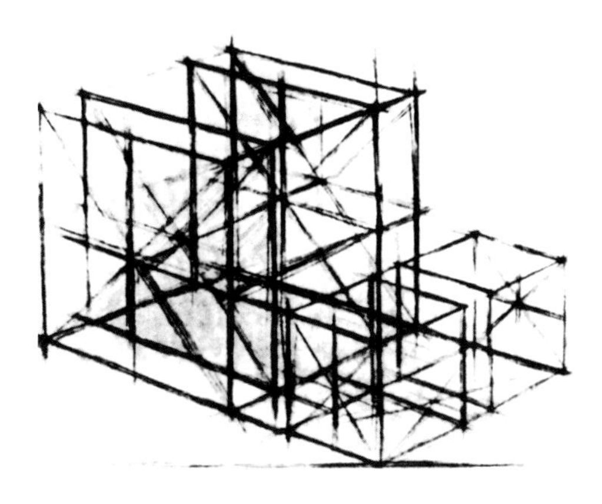

(b) 全方位地观察空间位置，作透明表现

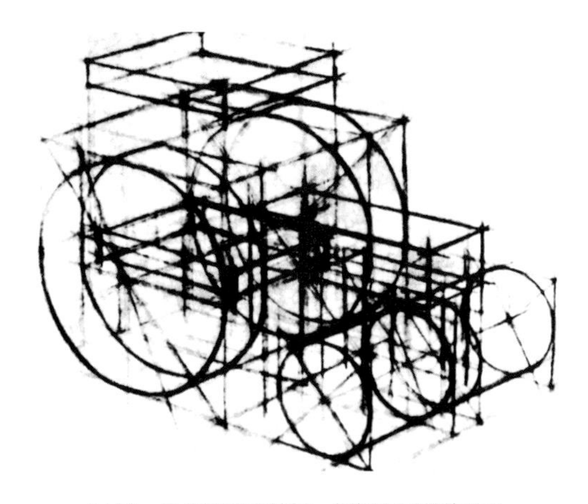

(c) 进一步肯定形态特征，把握方圆形体关系

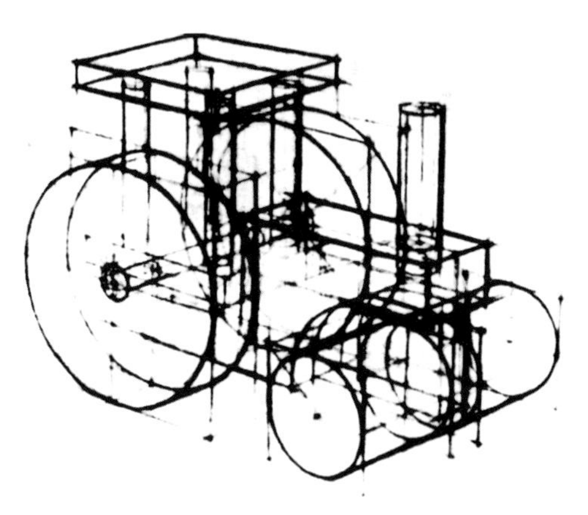

(d) 调整画面虚实，明确局部结构关系

图2-14 确定比例关系

(a)

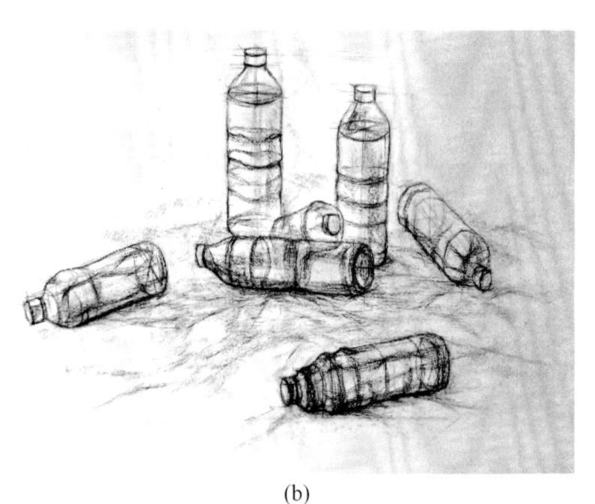

(b)

图2-15 速写（作者：肖友民）

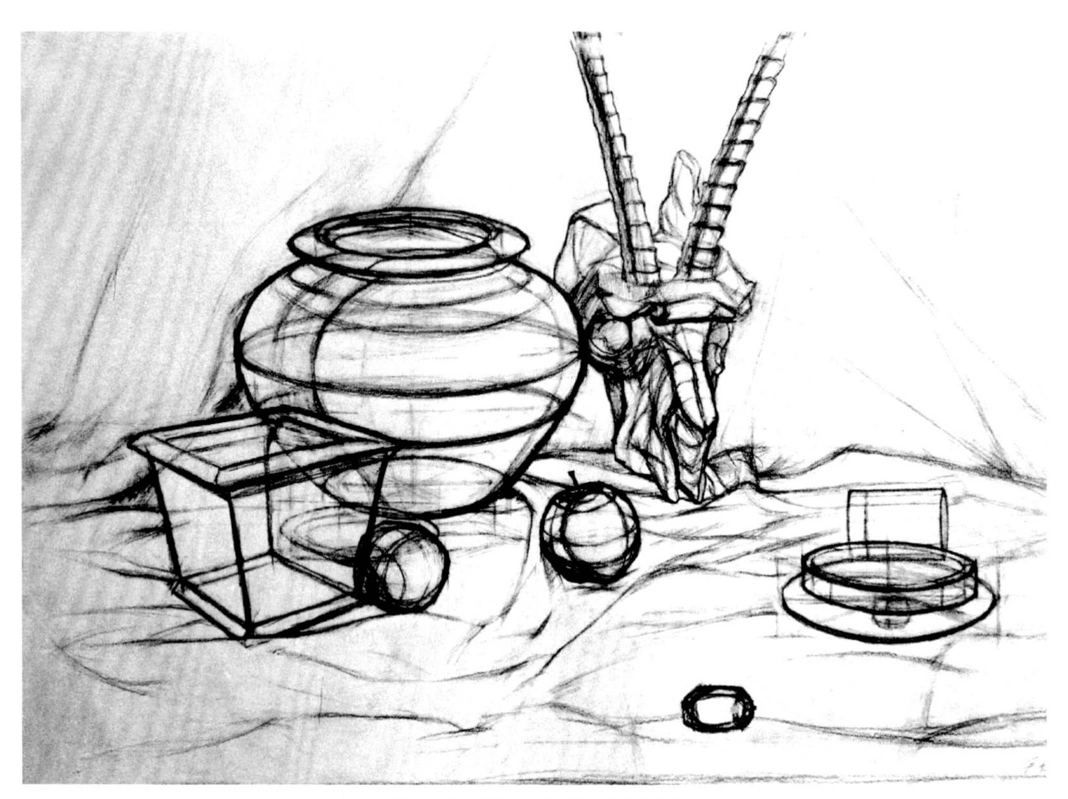

图2-16 速写（作者：尹旭峰）

三、铅笔画光影明暗素描速写

光影明暗素描训练的要求是要表现客观对象的形体结构、明暗层次、光影效果、空间感、质感、量感、立体感等，从而使物体更有真实感，将自己眼睛所观察到的形体具体而细微的质感呈现出来。

（一）光影规律和原理的运用

如图2-17所示，从一个苹果的线性结构素描到光影明暗素描的关系来看，学习时应从不同方面研究物体对象的相应特征，培养观察、分析、理解实物及表达对象本质属性的多种能力。

明暗产生的原因是因为有光源存在，光源分为自然光源、人工光源。没有光，人们的眼睛将看不到任何东西。观察物体受光量的大小和调子变化的规律，应依据以下六点：① 物面与光线所成的角度；② 光源的强弱及多少；③ 光源与物体距离的远近，以及光源与同一物体不同部位的远近；④ 物体质感对高光特征形成的影响；⑤ 物体颜色的深浅及反光性能；⑥ 周围环境颜色的深浅及反光性能；⑦ 物体离画者的远近。物体受光后所产生的明暗变化具有固定规律。物体受到一个主要光源照射后所产生出的明暗变化可以概括为：一大点、两大部、三大面、四大光、五大调。

图2-17 素描（作者：黄兵桥）

明暗变化一大点：物体各部分突出的部位在何处。

明暗变化两大部：光线照在物体上由突出的部位大体表现为受光亮、背光暗部分。

明暗变化三大面：光照后在物体上形成的亮面、半亮面、暗面，是构成物体明暗关系的基础。

明暗变化四大光：物体在光线照射下出现四种光线明暗状态，即高光、侧光、背光、反光。

明暗变化五大调：明部、半明部、明暗交界、反光、投影（图2-18）。

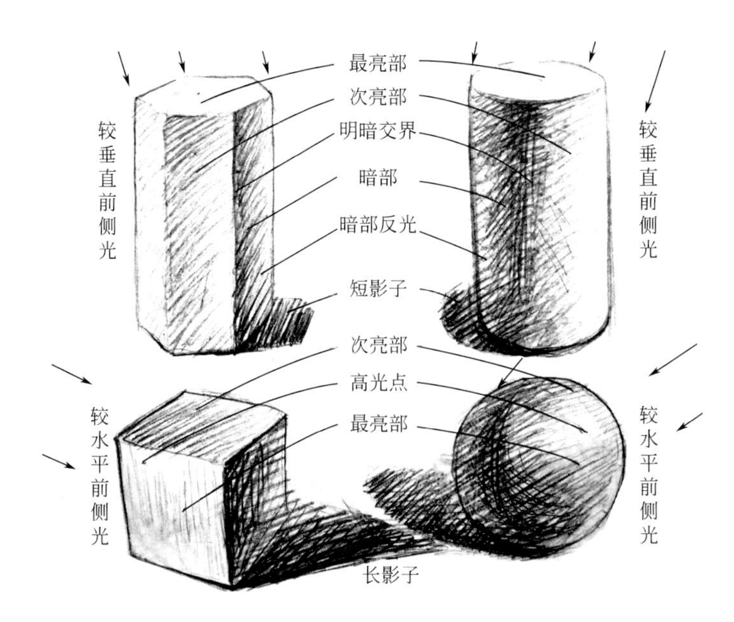

图2-18 物体的光影

所谓的黑、白、灰三大调子是对五大调的进一步概括。明暗交界、反光、投影属于暗面，常称“暗调子”，即“黑”。明部、半明部属于亮面，常称为“亮调子”，即“白”；半明部为“过渡面”，或称“灰调子”，即“灰”。

线性结构素描主要表现的是物体的形态结构变化关系，明暗光影素描的表现形式是明暗调子及表面质感，二者相结合的重要课题之一就是分析结构特征与理解明暗规律之间的关系，见图2-19和图2-20。

（二）物象写生分析

1.静物写生分析

素描静物写生是石膏几何形体写生的延伸和发展，主要是训练构图能力和造型能力。通过由简到繁的静物组合写生，掌握构图规律，注重画面对象大小比例，视点安排应高低适宜；同时也可以通过调整客观对象进行画面中静物的组织与安排，进一步掌握构图能力。静物的形体结构实际上可以理解为几何形体的组合，但它比石膏几何形体更不规则、更复杂，所以更应该强调对形体组合关系和结构关系的理解。对于静物的材质表现也尤为重要，比如硬软、粗细、轻重、厚薄等。质感的表现主要通过比较物体相互之间的光感现象，同时也有赖于对物体基本色调的准确把握。质感表现上要观察物体纹理的规则：是紊乱的、粗糙的，还是细腻的，这是表现的突破口。通过线条有序的排列，或揉擦、涂抹，或点、刮等多种手段去模拟纹理的质感，从而表现出视觉的真实感受。在

图2-19　素描（作者：陈鹏　指导老师：周建宏）

图2-20 素描作品

静物素描教学训练中，还可以运用反差对比，以达到丰富、强烈的视觉效果；注重线条与图形表现力，如线条的粗细、长短、曲折，图形的大小、方圆，明暗的强弱对比，色调的浓与淡对比，及不同物品材料本身的坚硬与松软、平滑与粗糙等的搭配；注重画面艺术形式美，关注形的力度感，形与形之间的节奏感、秩序感；通过点、线、面、黑、白、灰等造型因素的运用，积极有效地表现对对象的真实感受。

作画步骤按先后程序，可以归纳成三个阶段。三个阶段各有其侧重点，有各自需要着重解决的问题，同时它们之间又互相联系、相互渗透，不能截然分开，见图2-21。

（1）整体把握　主要解决画面的构图，物体的形体结构、比例及透视等问题。构图要做到突出主体，宾主分明，将主体物安排在视觉中心，同时也要注意画面的均衡与呼应关系，对象在画面中的位置要大小适中，切忌太大太小，上下左右偏向一边。视觉上，主要空间应大于次要空间。根据比例关系勾画物体轮廓，在画出大的几何形态基础上，要进一步分出各个形体的基本比例关系，画出各个物体的基本形，并用水平线、垂直线等校正各形体局部之间的位置关系。每个物体都有自身的比例关系，组合静物中又有物体相互之间的比例关系，在这两种比例关系中，后者是首要的。绘画时最容易在相互比例关系中出现各种错误，只有做到了物体与物体之间的比例关系正确，进一步画各个局部的形体比例关系才有依据，才能更加准确地画出整体关系。此时画面已基本成形，应从整体出发对画面作一次总体的调整，以期取得理想而完整的画面构图效果。

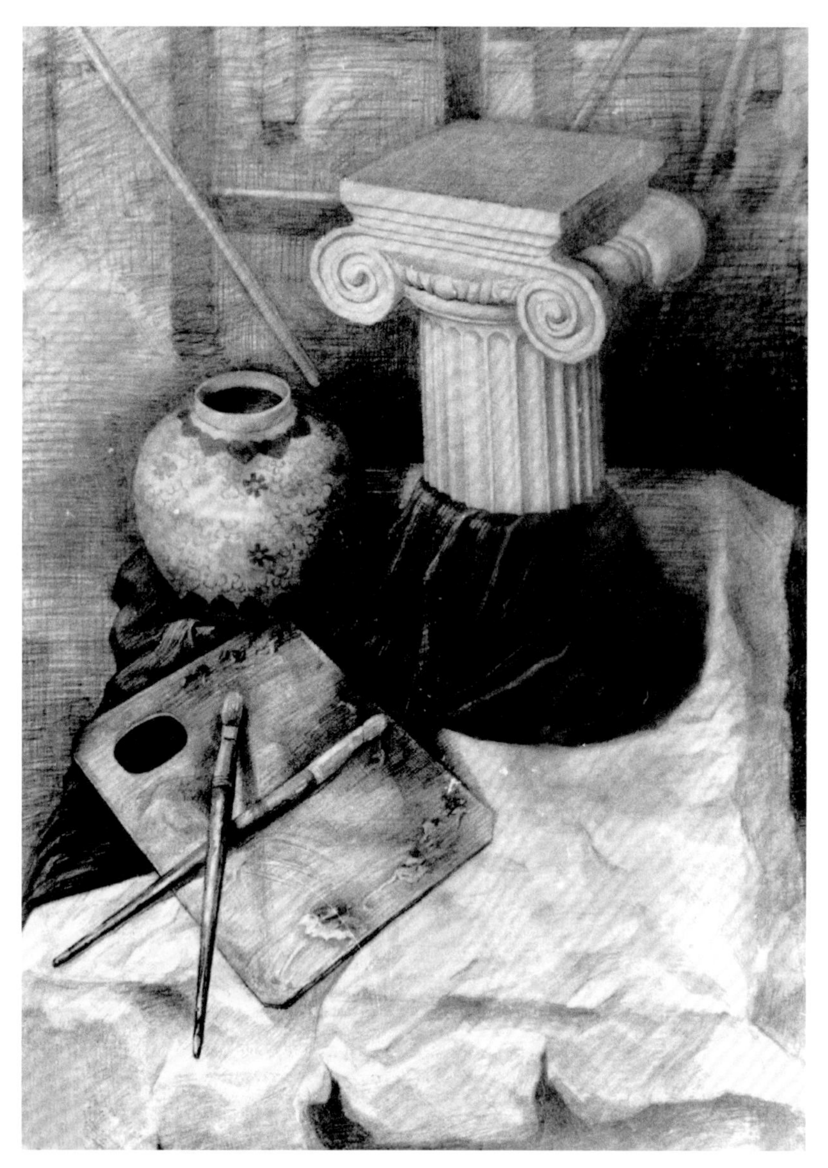

图2-21 静物写生（作者：林箪、黄文婷）

（2）深入刻画 主要解决形体、明暗、空间、质感等问题。区别两大面，铺大体明暗调子。写生对象是在自然光源中，物体在一定光线照射下形成了受光的明部和背光的暗部两大基本明暗关系，呈现在作画者面前。在画出明暗两大面关系时，首先要准确画出明暗交界线，同时画出投影范围，然后从暗部画起，全面铺开，相互比较着画，色调应逐步加深，注意区别物体固有色深浅。这时环境色调也应随之铺开，明、灰、暗三大基本关系要基本明确，大体完整协调，体积关系、空间关系基本明朗。从主体的关键部位开始，逐步深入细致地对物体的体积感、空间感、质感、明暗等进行充分的刻画与表现。在大体明暗关系已经明确的基础上深入刻画，表现“三大面，五调子”，进一步明确明、灰、暗三大基本关系。在这个过程中要记住首先观察到的第一印象，进行默画，对不符合自然光规律形成的明暗关系要进一步调整过来，要使局部明、灰、暗关系统一在大的明、灰、暗关系之中。然后逐步画出“五调子”的微妙变化，要具体地、深入地去分析、理解，把握、表现每一个细节。深入刻画的过程一定整体协调，要做到明部简洁概括，中间色实而不死，暗部则通透空灵。

（3）不断调整　整理归纳，统一调整画面。在深入表现的时候，由于对对象的认识与理解加深，导致在画面上的不断调整与刻画，容易造成“板”“死”“花”“灰”的问题，所以必须克服在局部深入时忽视整体效果关系的毛病。因此，在统一调整时应回到对整体关系的审视上来，突出主体，一切有碍整体关系、有碍突出主体的细节和局部都应大胆取舍或明确各个部分的虚实关系。

2.植物写生分析

（1）植物形态特征　世界上的植物千差万别，不论哪一种植物，它都是由具有不同功能的器官组成的，它们的外部形态有着千姿百态的形状。

根，根的大部分埋藏于地下，但也能够经常看到一些裸露在地表外面的根。这些根已木质化，表皮与色彩几乎与树干相同。另外，还能看到一些植物的变态根和攀缘植物的附生根等。

茎，植物由于种类不同，各自具有不同形态的干和枝，这决定了不同种类的植物之间各不相同的外貌特征。大多数植物枝干的形状为圆柱体。但是，仔细观察后就可以发现，枝干与枝干之间是有很大差异性的。不同种类的植物，它们的主干大体上可以分为以下几种类型：通直型、挺直型、分枝点低型、多干型、丛生型、肉茎型、缠绕型、畸形等。树木枝干表皮极少是光滑的，因此表皮的肌理表象是十分丰富的，纹理按裂痕的深度和方向可分为光滑型、浅裂型、深裂型、纵裂型、横裂型、鳞状裂型等。

冠，由茎、叶、花、果实、种子所组成的一个部位。树冠是一棵树上最富有表现力的部分，也是在写生画中表现得最多的地方。树冠就仿佛是一把撑开的伞，向四面八方伸展开去。树冠的分枝类型可分为：总状分枝，侧枝沿着主干依次向上发生呈规则的几何形，如杉、落叶松、银杏等；合轴状分枝，没有像主轴一样的主干，而是由一段段的主干组成的合轴，如榆、柳、桃、桑等；两叉分枝，在主干的顶端均等地生长出两个对称的分枝，并反复地发展下去，如蕨类植物等。按照树冠的外形还可以分为扁圆形、圆球形、卵圆形、圆锥形、圆柱形、倒卵形、不规则形等，见图2-22。

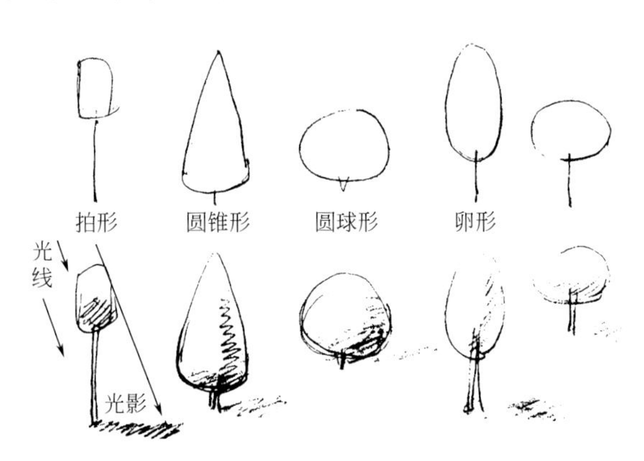

图2-22　树的基本形及光影

叶，叶片的形状、质感、大小、色彩以及叶片的组合决定性地影响着一棵树的外观。叶片的形状有单叶和复叶之分。单叶的形状可以归纳为：卵形、圆形、倒卵形、披针形、椭圆形、倒披针形、剑形、三角形、菱形、带形、剪形、针形、掌形、羽形。复叶由于小叶片的数目和排列方式不同，可分为五类：三出复叶、掌状复叶、偶数羽状复叶、奇数羽状复叶、二回羽状复叶。

（2）植物形态要素与空间关系　画一棵活生生的植物必须注意决定植物基本形态的三个要素：对应、平衡与向阳。

① 对应：这是所有植物共同具有的、赖以生存的外部形态特征，由一个主轴向两侧做对称的生长。这种对称的形态，植物学中归纳为对生、互生和轮生三种形式。

② 平衡：对于一个生物体来说，平衡和失衡都是维持生命存在的方式。在生活中经常看到的树木并不都是笔直的，更多的是弯曲的。它的原生状态是主干直立，但后来遭侵害后，失去了平衡状态，新的枝叶又生长在受损的部分，以获得生长的平衡，这也是树木顽强生命力的体现。

③ 向阳："植物是与地心成反方向垂直生长的"，植物的茎一般总是要垂直于地平线而向上生长的，植物的这种属性不受任何地形变化的影响。这样树干才能承受住最大的重量以支撑茂密而沉重的树冠。否则树干就要斜生，这将使树干因为受不住树冠的重压而发生畸变，甚至会造成植物本身死亡。

（3）树木的形体结构和空间特征　任何一棵树都不是很规则的，或者可以说没有一棵树是规则的，因此这也就使初画植物铅笔画的人不知从何下手。中国传统的山水画家在观察和表现树木的时候非常注意树木的形体与空间关系，"树分四枝""阴阳向背"就是指主干和分枝、主干和树冠之间的空间关系。西方现代绘画诸流派的前驱之一的塞尚曾经说过："你必须在自然的混乱之中看到几何形体。""你一定要在自然上面看出圆柱形、球形和锥形。"要解决这个问题必须将外形不规则的树木归纳成不同形状的、规则的几何形体，或者是多个几何形体的组合，逐步建立起形体和空间的意识。这种办法也是一种表现手段，分解其体面"树分四枝"的关系，研究其光影变化和色彩变化的"阴阳向背"关系。可以把一棵树看作是一把撑开的伞，伞的把手是树的主干，伞骨是树的分枝，伞面是树的树冠。在表现时把那些不规则的树冠按照它们枝叶分布的状况分解为若干近似的几何形体，再用枝干将它们联结成树木，建立起用几何形体的观念去认识、表现树木的立体感和空间感。

从基本形入手，到基本结构，再到具体细节质感特征，其塑造过程见图2-23。不同的植物写生图见图2-24。

写生案例步骤见图2-25。

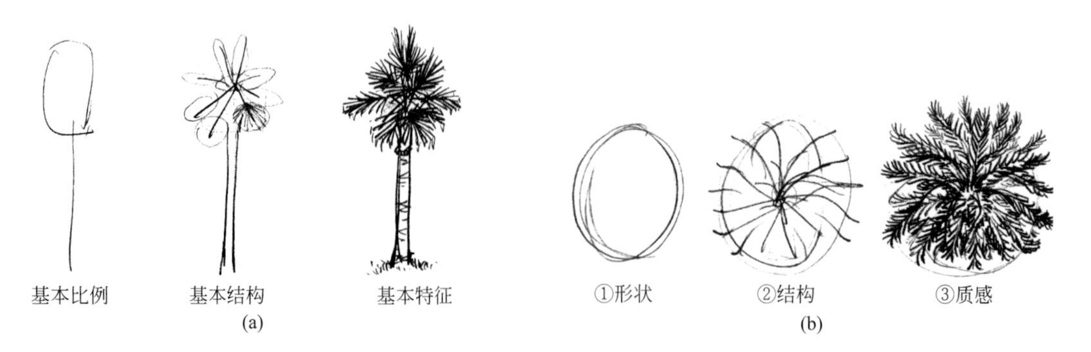

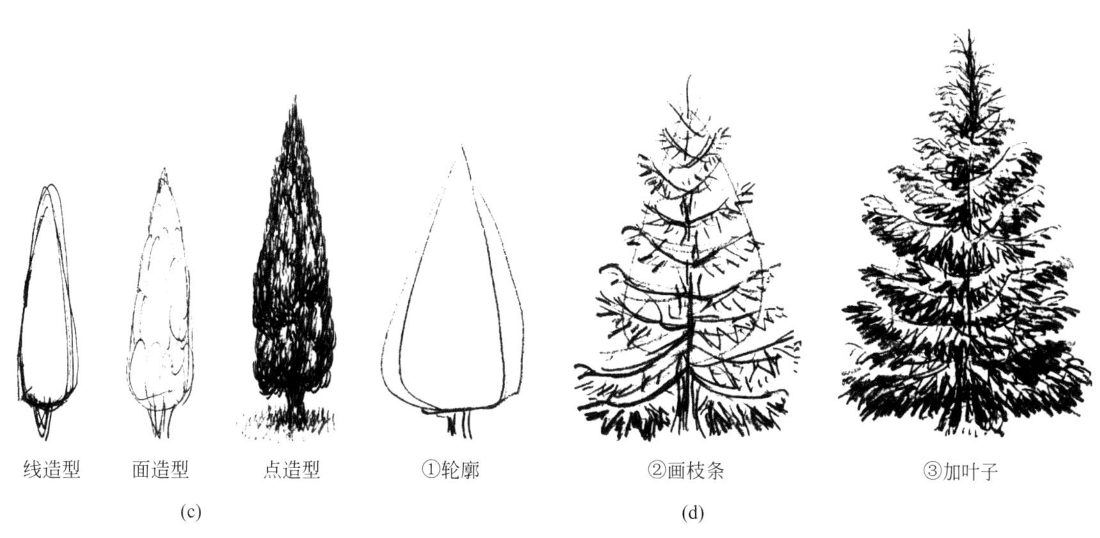

(c) (d)

图2-23 铅笔画速写

(a) (b)

(c) (d)

图2-24 植物写生（作者：康丰）

(a) 实物

(b) 理解对象几何形的线面关系，基本为三角形或梯形构图

(c) 强调内部结构，明确枝叶关系

(d) 以层次丰富的笔触使光影明暗、枝叶结构和质感融为一体（两树的叶片形状不够明确！）

图2-25 写生案例步骤（作者：范洲衡）

第二节 风景透视与构图写生

一、平视状态下的透视构图

不同的天气、不同的地区、不同的人情，展现不同风貌，表达不同的主题。它们是风景画的真谛。天上的云、地上的路、山下的河流在人们的眼里都会发生透视变化——形态近大远小，笔触近实远虚，引导着观赏画面的视线，形成了一定视觉流向的构图形式：或是简单字母形，或是复杂的组合形（图2-26、图2-27）。

(a) (b)

图2-26 同一地点的两幅云天、山水、树木，在不同气象的空间中，形成的“L”形构图

图2-27 同一个场景作“S”形构图：地面取景空间拉近了许多，主题描绘与图2-26完全不同

1.风景平行透视构图

景观地平线与建筑水平线相互平行，画面取景是照相时正前方的右偏上部分，所以，也就拉近了或放大了主体对象的具体特征，构图为“C”形，见图2-28。

(a) (b)

(c)

(d)

图2-28 平行透视构图（作者：范洲衡）

平行透视都是正对着物象的某一个面而形成的（图2-29和图2-30）。

(a)

(b)

图2-29 平视状态下的平行透视构图（作者：范洲衡）

“三角形构图”，以突出中心内容

(a)

(b)

图2-30 平视状态下的平行透视构图（作者：范洲衡）

视平线很高，画幅很宽，可以展现平远之景

2.风景成角透视构图

平视状态下的成角透视主要体现在地面构筑物的边线上。从图2-31的宣传栏及种植池边沿，图2-32（a）的运动场和图2-32（b）的翡翠湖的轮廓线都没有与画面完全水平的线条，可以看出质感画面的结构统一在一个完整的透视构图之中，开阔而深远。

画幅的长宽比例称作“落幅”，它是构图形式的基本元素之一。落幅的确定取决于被表达物象内容的总体布局情况，是横向的多还是竖向多，要力求画面完整。

图2-31 成角透视构图

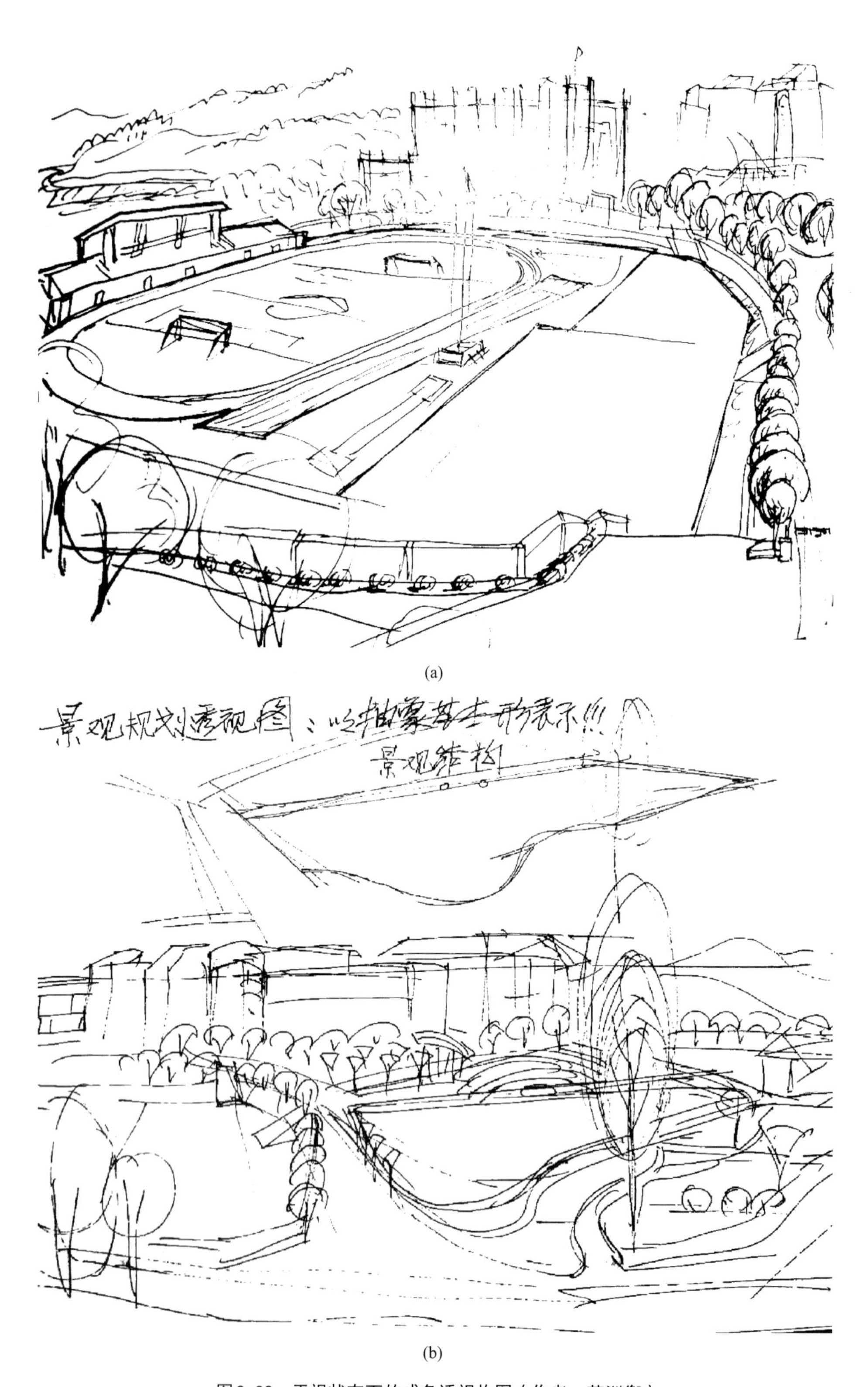

(a)

(b)

图2-32 平视状态下的成角透视构图（作者：范洲衡）

二、仰视状态下的透视构图

图2-33为平行透视学生写生图。

图2-33 平行透视学生写生作品

三、俯视状态下的透视构图

图2-34为成角透视学生临摹图。

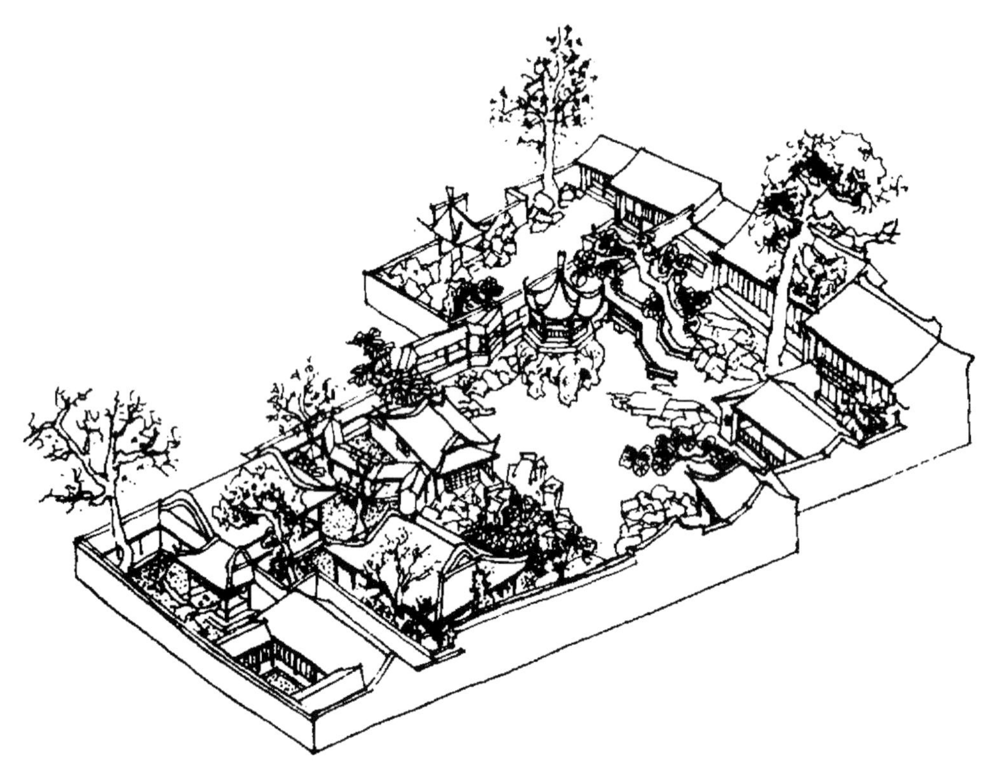

图2-34 成角透视学生临摹作品

这是一个经典名园，从大到小的树有高大乔木黑松、梧桐、乌桕、红枫矗立各处，亭台楼阁，山水百卉，相映成趣。全园构图紧凑，疏密有致，中心突出。以白描手法绘制，清晰明了

第三节 园林风景临摹与写生

一、钢笔画园林植物速写技法

（一）钢笔画基础知识

钢笔画起源于十九世纪的欧洲，以普通钢笔或特制的金属笔灌注或蘸取墨水绘成，是一种具有独特表现力的绘画艺术。它包括使用各种坚而韧的蘸墨水的笔在纸上所绘制的画，因而又称“硬笔画”，并从绘画工具上区别于铅笔和毛笔等。

1.作画工具、材料（图2-35）

（1）钢笔 目前国内市场上能购到可以用作钢笔画的大致有三类笔。第一是蓄存墨水的，用于日常书写的自来水笔；第二是蘸水笔；第三是签字笔、滚珠笔等圆头笔以及

(a) 各种钢笔线条 (b) 自制硬笔线条

图2-35 钢笔及线条

纤维笔等。在这三类笔中，蘸水笔作画的历史最长。一般的蘸水笔笔尖细巧，弹性较好，但蘸水笔本身不能蓄存墨水。自来水笔，笔尖也有一定弹性，但不及蘸水笔，一般用钳子将笔尖略加弯曲，以变换笔尖和纸张的接触面，画出粗细变化不同的线条来。滚珠笔类似于签字笔，书写润滑，笔尖却没有弹性。

（2）墨水 钢笔画既可以用黑色墨水，也可以将多种彩色墨水混合，产生彩色效果。钢笔画侧重于用单一黑色的墨水来作画。这里要注意的是不论使用何种墨水，在使用过程中，要经常清洗笔尖和笔的其他各个部分，防止墨水积淀，保持笔尖的清洁，书画流畅、均匀。

（3）画纸 要特别注重纸张的性质，根据不同的纸质可以画出不同的效果。钢笔画用纸要注意纸张的克数、密度、吸水性，纸张表面的光洁度要好一些。初学者一般不宜在太薄、太光滑、太粗糙的纸面作画，可选择素描纸、复印纸的背面。熟练之后可根据作画的内容、技法、效果的需要，选择适当的纸张。

（4）毛笔 用毛笔蘸水墨和淡彩丰富画面明暗和色彩关系，也是钢笔画常见的表现形式。

（5）小刀 在画面上刮出草丛、树干等增加表现手法，丰富画面效果，也可以作画面修改之用。

（6）吸水纸 用过滤纸，宣纸均可。可吸干纸上尚未凝固的墨水。

（7）擦笔布 使用时略加点水，使之微微湿润。钢笔画常常在画到一定程度时，笔尖流水不畅，影响使用。可用微湿润的布擦拭笔尖后，祛除笔尖沉积。

（8）小镜子 在绘画即将完成时，观察镜子里的画面，有助于把握整体效果。

2.钢笔线条的表现（图2-36）

（1）单线条 钢笔画所用的笔尖有粗、细、扁、圆等多种，不同的笔尖可以产生不

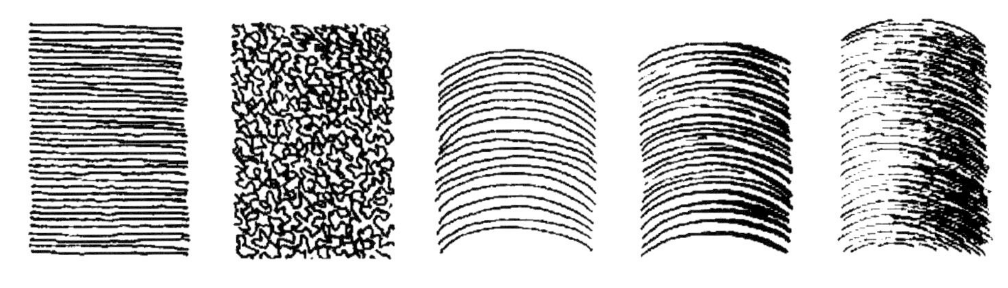

图2-36 钢笔线条表现

同的艺术效果。钢笔是表达线描的工具，通过运笔动作的变化，如粗细、疏密、顺逆、转折、顿挫、连断、虚实、光毛等，以表现对象的力感和美感。其特点是用笔果断肯定，线条刚劲流畅，黑白调子对比强烈，画面效果细密紧凑，对所画事物既能做精细入微的刻画，也能进行高度的艺术概括，有着较强的造型能力。

（2）排线　排线主要是在形体块面中制造明暗层次，通过排线的多样变化以表现物体的立体感，体现“三面五调”，即黑、白、灰、高光、反光。因此，要研究排线的节奏感，如疏密、粗细、聚散、交叉、重叠和方向等变化。在硬笔画中，除了纯白或纯黑外，凡是中间色调——从浅灰直到深灰，都清清楚楚地显露出组成这种色调的线条。因而，利用不同形式的线条组织来表现不同的对象，是植物钢笔画的特长。技法中重要的是掌控线条的疏密，愈是密集的线条所组成的面，色调就愈深，线条愈疏则色调愈浅。

（3）概括　钢笔画由于工具材料的限制，不能添加、反复修改，一旦落笔就很难更改。要把眼见画面丰富的明暗转为运用钢笔排线来表现，就要进行艺术概括，减少相邻面及周围面的明度层次，以体现黑白分明、简洁概括的画面特点。

3.钢笔的运用

钢笔可在光滑的纸上画出轻快平滑的流畅线条，能充分体现线条的灵活性、流畅性，也可刻画线条密集的细节。

① 平行直线表现平面。

② 如果是用一种平面的调子来填满，任意而散漫的线也可以表现一个平面。

③ 平行的曲线创造了一个弯曲的表面现象。运笔的快慢轻重变化会产生从明到暗的效果，增强立体的光感。

（二）植物钢笔画的技法

中国古代画论中有“远则取其势，近则取其质”的说法，即远的对象，画者应抓其大特征，走大势；近处的对象，则应注意对其具体造型及质感的笔触表现。这也同样适用于主次情况不同的对象：要注意重点刻画主要对象的具体造型及质感，对于次要对象，则要概括，抓大特征，大胆舍去一些具体细节，对画面的内容，不能平均对待，应强调主次关系。这就要求画者掌握多样的处理手法，以应付各种不同的需要。

1.线描表现法

线描表现是以勾线为主要造型手段的一种表现方法，类似于国画的白描，这种画法以画出物体的轮廓及面的转折线为主。运用线描手法特别强调线的对比，线条的对比构成了生动的节奏感和韵律感。在线的运用上要关注疏密、粗细、刚柔和节奏韵律等关系。线条的对比反映物体丰富的结构变化、体面转折、质感、空间、动静关系等。需要注意的是，线的对比要避免从局部入手，应从整个树木的形体结构、空间虚实来考虑，在塑造树木形象和表现环境气氛中自然生成。

（1）疏密对比　疏密对比是用线造型的基本要求，画一棵树或一组树的形象，从画面的主次和空间表现上来组织线条，注重对线的疏密对比的掌握。如画一棵树，树干整体轮廓线先用长线概括完成，其后对树枝、树冠和体现结构转折的主要树枝作重点刻画，画得具体的部位用笔多，线条就显得比较密，而轮廓线或其他次要部位画得简练概括，线条相对显得较疏，形成聚和散的线条对比关系，整个形体在线的组织上就形成一种疏密对比的美感。

（2）粗细对比　画面运用不同粗细的线条来表现客观对象，使画面更丰富生动，富于变化和美感。如画一棵树，对树的树干和重要树枝转折部位以粗线描绘，而对次要枝干部位则用细线描绘，粗线与细线形成粗细对比。要注意对线的力度的把握，切不可画“死”线，要使线条既有粗细又有虚实变化。

（3）力度对比　不同的线条，在视觉上产生不同的力度。在树木造型中灵活运用这些体现不同力量的线条，从而产生线的力度对比之美。

（4）节奏对比　在线的疏密对比、粗细对比和力度对比的基础上画面所形成的线的整体韵味和节奏感，体现出对形态结构的深入理解，对线条的纯熟运用，说明线描修养达到了一定程度。

2.线面结合表现法

单线勾形加以简单的明暗色调表现，呈现一定的立体感，明快简朴。钢笔画是通过点、线、面及其排列组合来表现不同的明暗块面，形成画面的整体色调。要充分考虑到笔触，这里的笔触指基本的点与线的走向以及点与线组合所构成的基本单元。用不同的笔触描绘出不同质感的树种，笔触是画面结构的基本单位。笔触要考虑运笔排线与笔触运动的变化节奏，体现画面的整体情调。其中钢笔画是用同一粗细(或略有粗细变化)、同样深浅的钢笔线条加以叠加组合，来表现物体的形体、轮廓、空间层次、光影变化和材料质感。要作好一幅钢笔画，必须做到线条要生动、美观；线条的组合要巧妙，对景物要作取舍和概括。所以初学者要大量地进行各种线条的徒手临摹练习。

钢笔画有不同的表现形式和风格，如有的表现概括、简练，线条活跃、流畅；有的表现确切、精细，线条整齐；但经常是根据表现需要而把两者结合起来，针对不同的表现内容，应根据自己的绘画特点和应用需要而选择不同的表现形式，熟能生巧，一步步深入概括、精练，进行艺术夸张。要想画好，离不开“多看”“多练”。“多看”指要多看别人的优秀作品，提高眼界，感受好作品的魅力；“多练”指的是多临摹、多实践，通过临摹学习前人的优秀技法，在实际运用中多练习、多探索。在“多看”“多练”的基础上，还要多看理论书，多作总结，在理论上提高自己，使艺术素质得到全面发展。

（三）植物的基本形、质感和笔触的表现

1.构图与透视

植物千姿百态，花木交错生长，呈现出蓬勃生机。在植物硬笔画绘画中易将植物画得呆板，这就要求在构图中应体现出一种有变化的均衡。应遵循一定的景物组织规律，以一定的方法，按照一定的秩序把植物有机地安排在画面上，使画面协调统一。

应注意树木有对应、平衡和向阳的特点，但是不能用简单的对应和平衡来概括，应各具特点。画多棵树就必须注意排列和组合的问题。要充分考虑到树木的多少、体积的大

小、节奏的强弱对比等，使构图富于变化，通过画面上形象的组合、线条的流动、色块的对比、黑白的层次，营造无穷的变化，触发人们各种不同的感受和联想。画好一棵树是画好一丛树的基础，但丛树和单树的处理是截然不同的。画单树时单树是画面的主体，而画丛树时整丛都是主体。画单树时可尽量突出对象的丰富变化，张扬其形象特征。丛树中的每棵单树的处理则需服从整体需要，使每棵单树在姿态和细节上，都符合整丛树的表现需要。另外，“远山不论树”，表现远距离的树更要概括处理，大胆舍弃细节，不必过于表现树种的具体特征，而是要概括出基本型。

透视是客观存在的一种视觉现象，运用透视法则表现物象的体积和空间是基本的作画手法。西式绘画大都依据科学的透视法则来作画，画面景物的大小、对比关系的强弱都以透视法则作准则。在近景树的透视现象中，由于人们视角的限制而主要集中在树干上，所以在画树干时要考虑到透视变化。在仰视、平视、俯视情况下，要注意树干、树冠的基本形的变化和表皮上的裂痕变化。

钢笔画的构图是至关重要的一个环节，一旦落笔就很难更改。所以在创作构图时，要先把握住平面、空间、立体效果和色调，认真思考确定，勾勒出准确线条的草图，再由高度概括到细致刻画，逐步深入，一气呵成。要研究一个层次画一个层次，达到意在笔先，物在意中的境界，做到精心设计，耐心刻画，避免半途而废。表现空间时要考虑到疏密对比，就是越远越密、近疏远密的视觉效果。在一般的植物硬笔画构图中，远景、中景、近景三个空间层次分别由天、地、树组成，绘画时要充分运用透视规律，而树木就是构图中区分空间层次的最好标志物。

2.层次与光影

树木处于一定的外界光线照射之下，就会产生光影的变化，产生立体的视觉效应。因此，要利用光影来表现树木的立体感。

① 枝干上的光影变化。树干的立体感可以通过圆柱体几何模式来获得，这样就可以把树干画成圆柱形的。

② 树冠上的光影变化。对初学画植物的人来说，可以用伞形结构模式去观察，总结一棵树或一组树的形态，把树的树冠归纳成为一个几何形体或几个不同形状几何形体的组合，并处理好明暗调子。

中国传统山水画法对植物硬笔画画法具有很大的启示。我国传统的山水画中没有树的不多见。“外师造化，中得心源”。“造化”是指大自然，“心源”指的是内心的感悟，意指画家应以大自然为师，再结合内心的感悟，然后才可创作出好的作品。国画家通过观察和创作实践，归纳出了多种不同的程式化的表现树木枝叶的方法。

由于植物的种类不同，各种树枝的生长规律和形态也多种多样，古人通过长期的观察、提炼，把它概括为两种基本形态，即“鹿角法”与“蟹爪法”。“鹿角法”枝条上挺如鹿角状，两枝交接处的内角多为锐角、钝角，不宜取直角。“蟹爪法”枝条下屈，如蟹爪（也称雀爪、鹰爪），柳、枣、柿、盘槐大体属于这一类。画树枝要做到“齐而不齐，乱而不乱”，既要变化丰富，又要活而不乱。

主干与枝干的临摹图例见图2-37和图2-38。

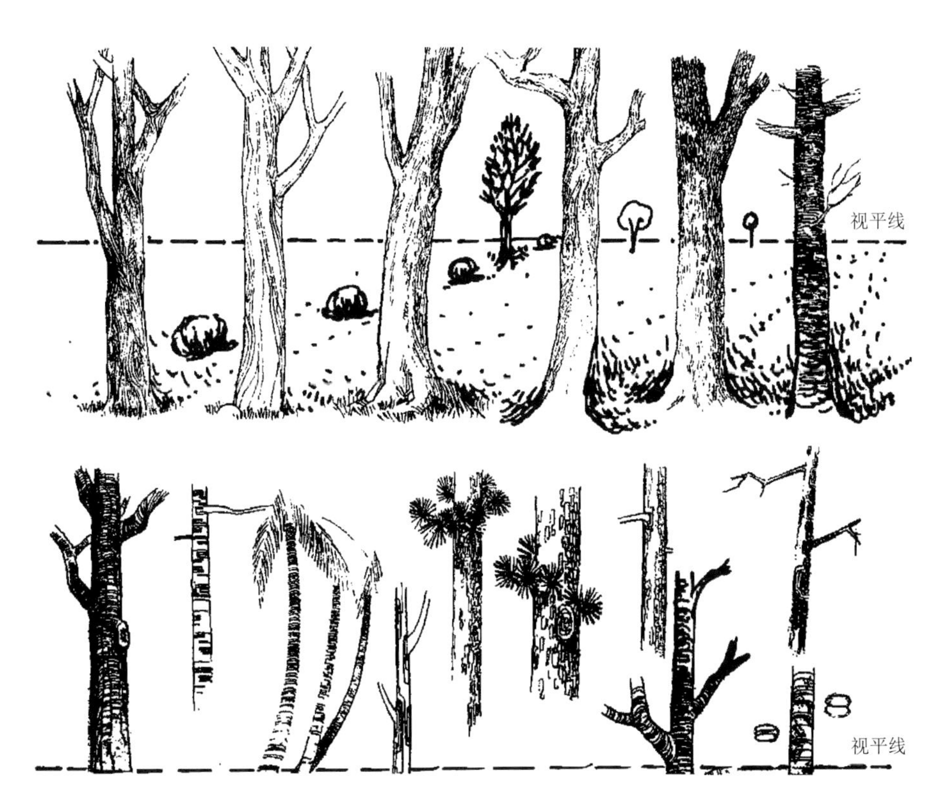

图2-37 钢笔画中各类树木主干质感的笔触特征——中锋长线条画树的轮廓，中、侧锋结合画树皱纹

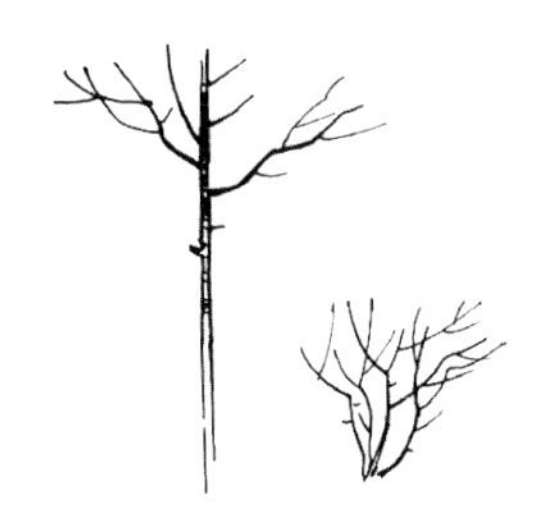

幼树，主干及树枝比较纤细修长

中树，枝干挺拔，结实有劲

老树，主干粗短，苍劲有力，树纹粗，盘根错杂

①

②

(a)

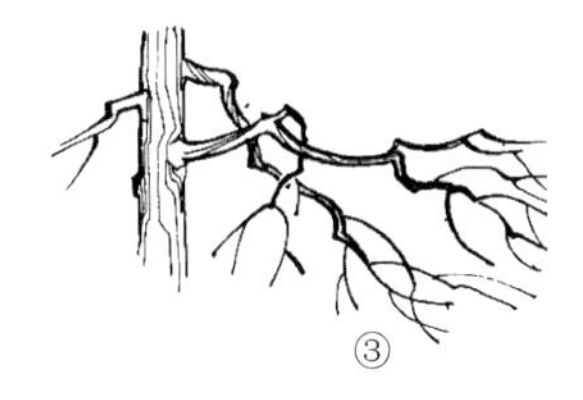

③

枝干分杈的规律和形态：

枝干的分杈越分越细，相互穿插。在画面上，树枝除了左右出杈外，还须有前后的出杈

①枝干分杈处曲线连续，无急剧转折，整个形态轻盈洒脱

②、③分杈处急剧转折，刚劲有力，两结节之间只有单向弯曲

图2-38

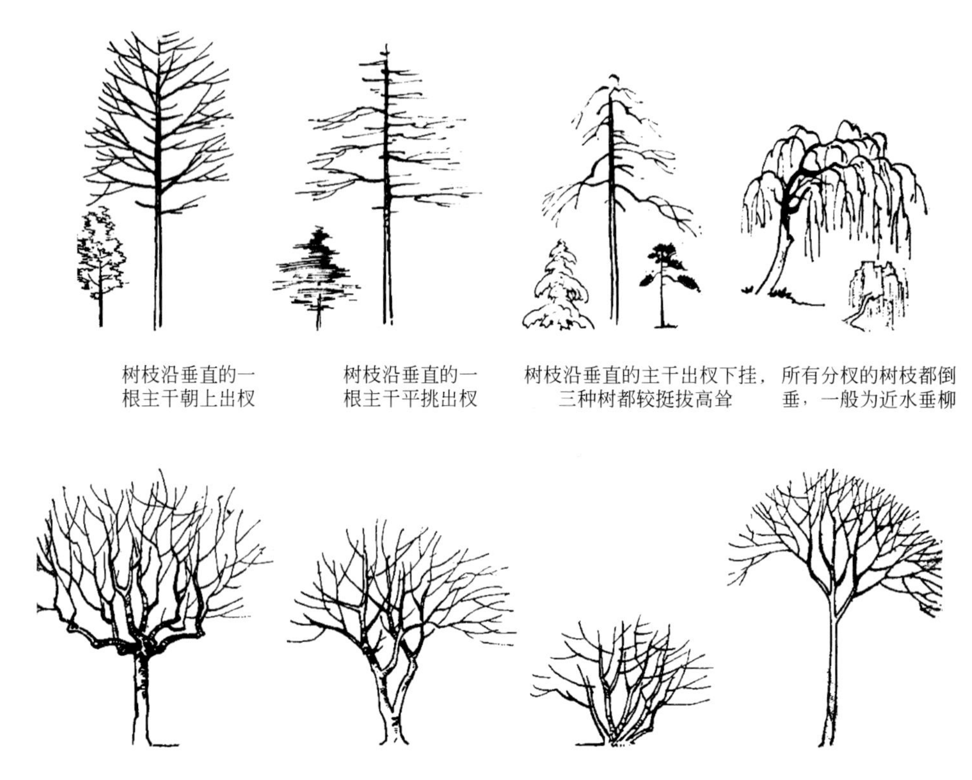

由主干顶部向上放射，主干粗大　主干从根部开始分杈　主干多，多见于灌木　主干到一定高度不断分杈，枝越分越密，形成一个茂密的树冠

(b)

图2-38　主干与枝干的局部结构特征和整体结构特征——注意干枝的结构特点，要有前后疏密层次关系

中国山水画家根据自然界种种树叶的形态，从远看、近看、绕着看等不同角度观察所得，形成了程式化的画树叶的方法，出现了“介字点”“椿树点”“松叶点”等点叶法。画“介字点”，叶形下垂，用它来表现双子叶植物的叶片，画樟树等多采用这种点法。“椿树点”多用于表示羽状复叶，叶作星形放射以组成一个单位，先画羽梗，向四周参差分布，再点羽梗两边的小叶片。“松叶点”主要用于画针叶树，如松。除了以上几种之外，国画点叶的方法还有很多。这些程式化的方法为我们提供了有利条件，初学者要多画树木写生，学习、借鉴传统的山水画画法，以丰富画法。“墨分五色”，国画家利用黑白对比把画面上种种形象彼此之间的关系拉开，使它们分别处于不同的空间之中。这些是很有启发意义的。枝叶的铅笔画画法见图2-39。

植物钢笔画临摹图例见图2-40～图2-42。

线条、结构、明暗相结合常用来体现画面的整体关系。线条、结构等的不同形成了不同的画面风格特征。简洁明快的线描是非绘画专业学习中最有效的表现手法。要获得高效的形象交流，只有速写是最实用的。

图2-39 枝叶的钢笔画画法

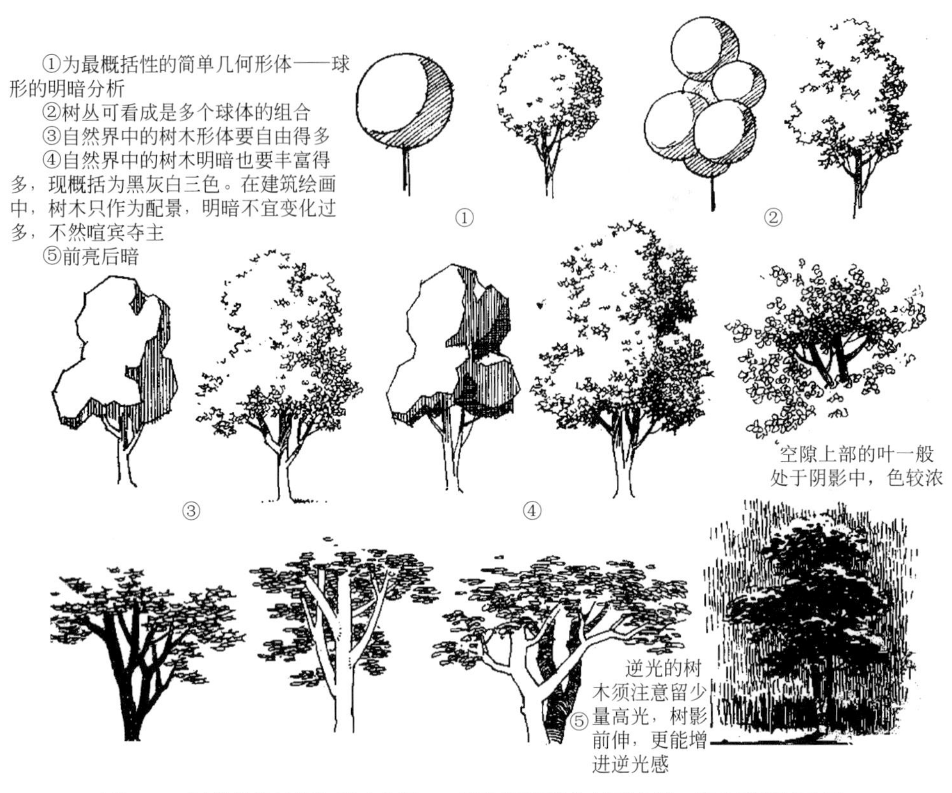

图2-40 树的结构特征与明暗关系——眯起眼看整体树形光影，睁大眼看枝叶形

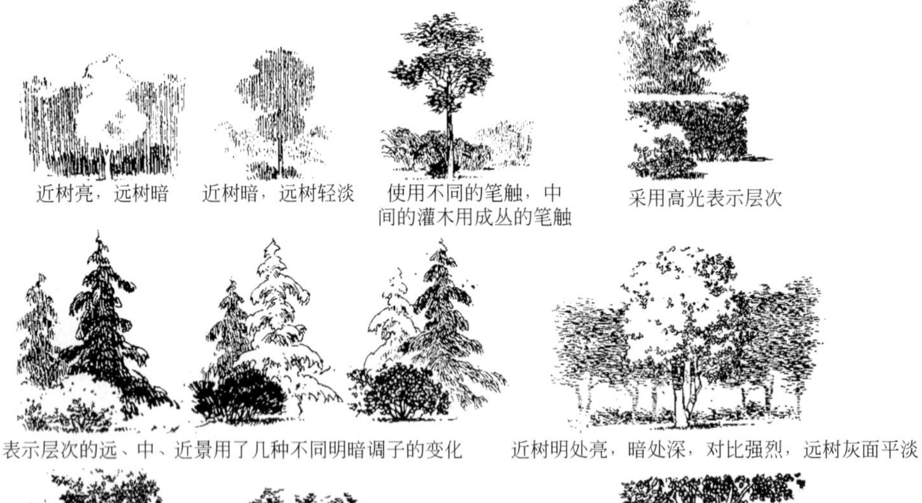

近树的笔触要有叶的形象，渐远笔触渐细，远树不宜强调叶的笔触，有一个面或大的体量就够了。笔触要有成丛成片的感觉

图2-41 树的各种明暗层次关系——前实后虚，内实外虚，上实下虚

图2-42　灌木和草地的明暗质感与形态透视表现——注意分析如何用笔产生体积、光影、质感和虚实的变化关系

二、钢笔画园林建筑速写技法

速写往往用于时间紧逼的条件下，旨在在有限的时间内拿出有竞争价值的方案去争取优先权和优胜权。为此，在快速表现时要突出重点，进行景物的取舍、概括、调整，要层次分明，虚实结合，一气呵成，笔笔到位，一般不再重复加工或修改，要求笔法准确、熟练。整个作画过程也不是绝对的快，而是有节奏的快慢变化，该放慢的点线笔触完整有力，该快速的点线笔触轻松流畅，一般重要物象和层次轮廓比较慢些，次要部分几笔带过即可。但一定要做到快而不乱，简而不单，主次分明（图2-43 ~图2-51）。

图2-43 钢笔画园林建筑（作者：范洲衡）

图2-44 园林钢笔画（作者：叶武）

图2-45 园林建筑钢笔速写（叶武）

图2-46 建筑钢笔画（1）

图2-47 建筑钢笔画（2）

图2-48 建筑钢笔画（作者：黄兵桥）

图2-49　建筑钢笔画（作者：肖友民）

图2-50　建筑钢笔画（作者：林蛟）

(a) 实物

(b) 速写

图2-51 建筑钢笔画写生（作者：陈振）

完善景物意境是写生的要点

画好速写是绘画的基本功，是作者敏锐的观察力、准确的判断力、高效的表现力的集中反映，是培养高水准、高素质的艺术家、设计师的必要手段，强调的是胆大心细、简洁明快的风格，要求点线笔触在变化的节奏中肯定，最适合园林景观效果的表达，特别是对建筑结构的表现，必须笔笔到位、准确无误（图2-52 ~图2-56）。

注意：画中所有建筑暗部的阴影都不能完全涂黑，要有轻重关系，否则看不到结构关系，没有透气的空间感。

图2-57的速写作品是光影明暗法和线描结构法相结合的素描速写，有着完全不同的建筑风格与表现手法。它们在光影与线条上有着各自强弱得当的表现，以突出各自的专业应用特点。

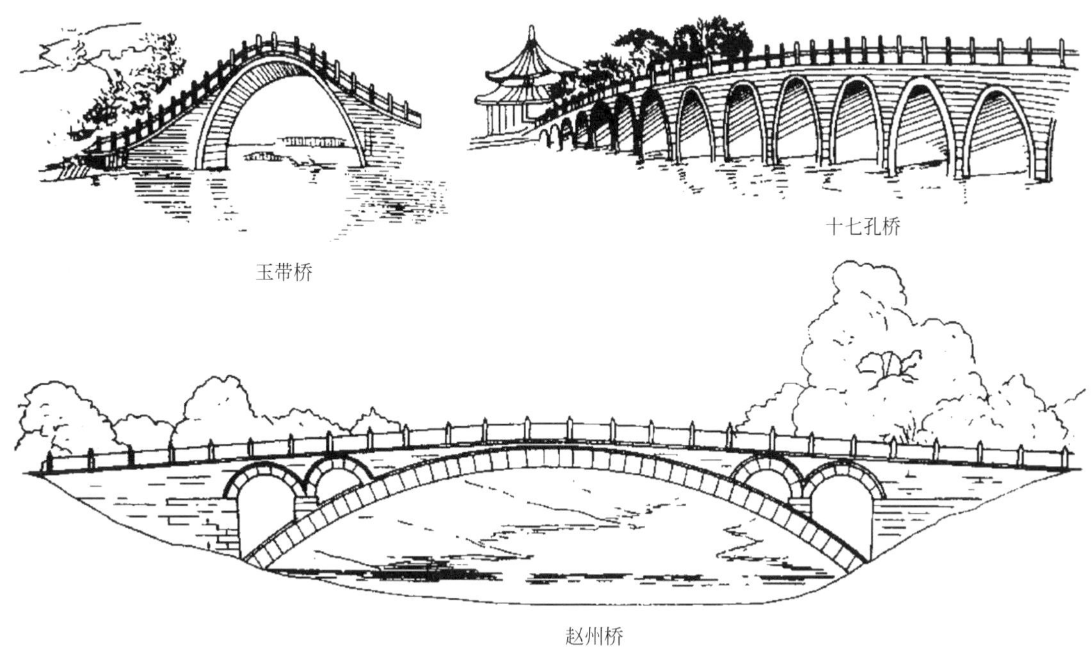

图2-52 桥的画法

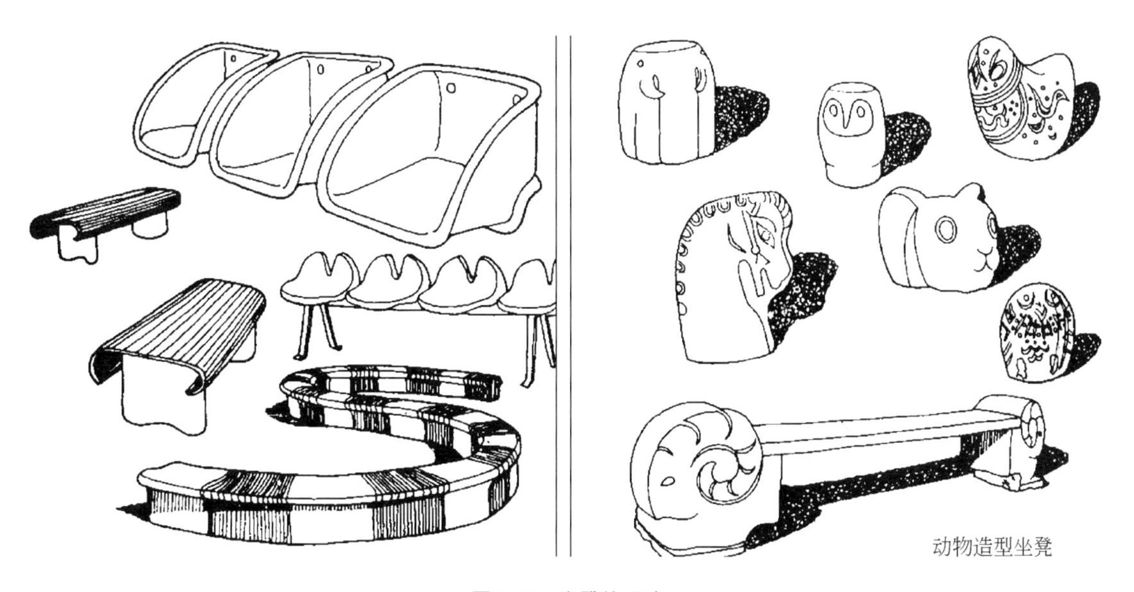

图2-53 坐凳的画法

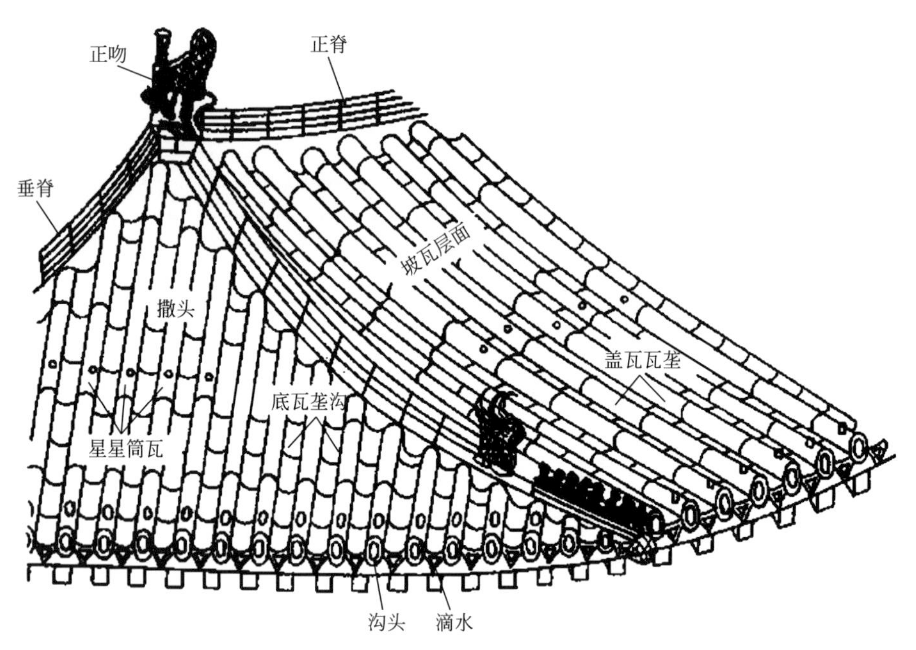

图2-54 琉璃屋结构画法

(a) 南方地区桥亭

(b) 南方地区长方亭

(c) 苏州汪氏花园方亭

(d) 杭州黄龙洞角亭

图2-55 亭的画法

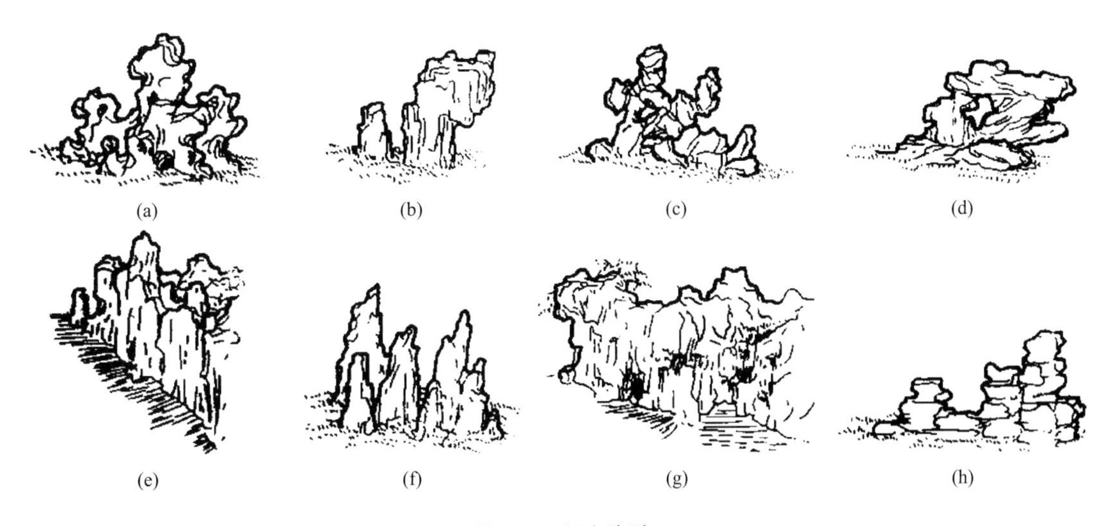

图2-56 假山造型

图2-57 素描速写

三、钢笔画自然风景速写技法

钢笔画不易修改，在画自然风景的速写时要注意构图及作画步骤，点、线、面的运用要紧扣物象的轮廓结构的变化，并注意笔触的深浅浓淡与明暗层次在画面的黑、白、灰关系，以突出主题（图2-58 ~图2-64）。

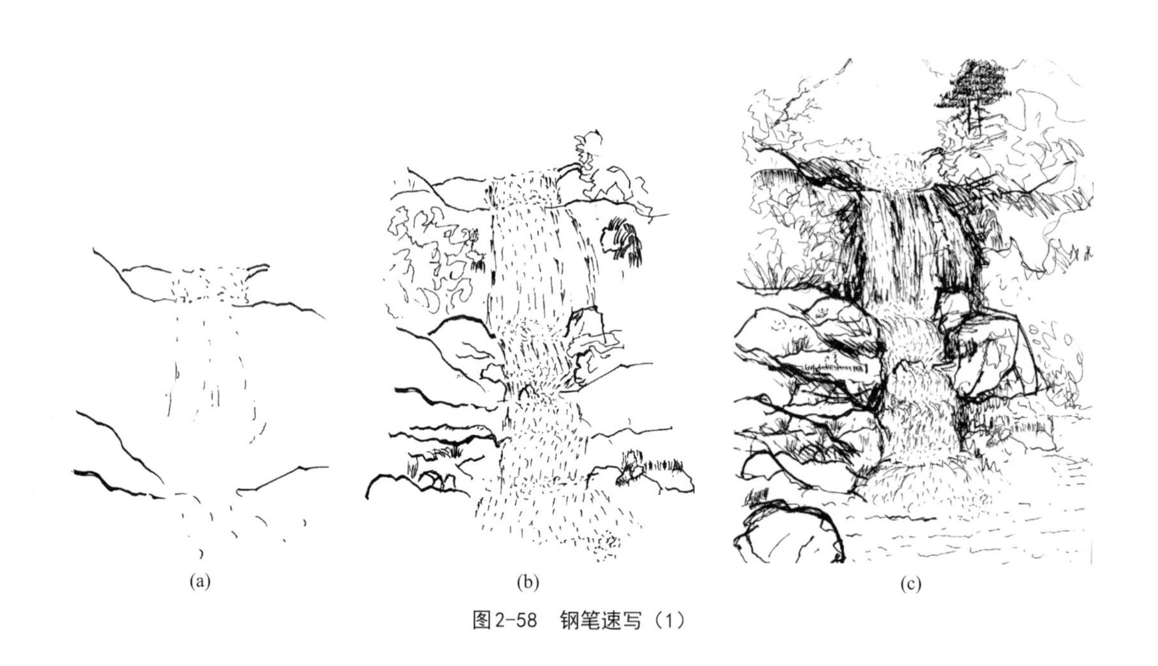

(a) (b) (c)

图2-58 钢笔速写（1）

(a)

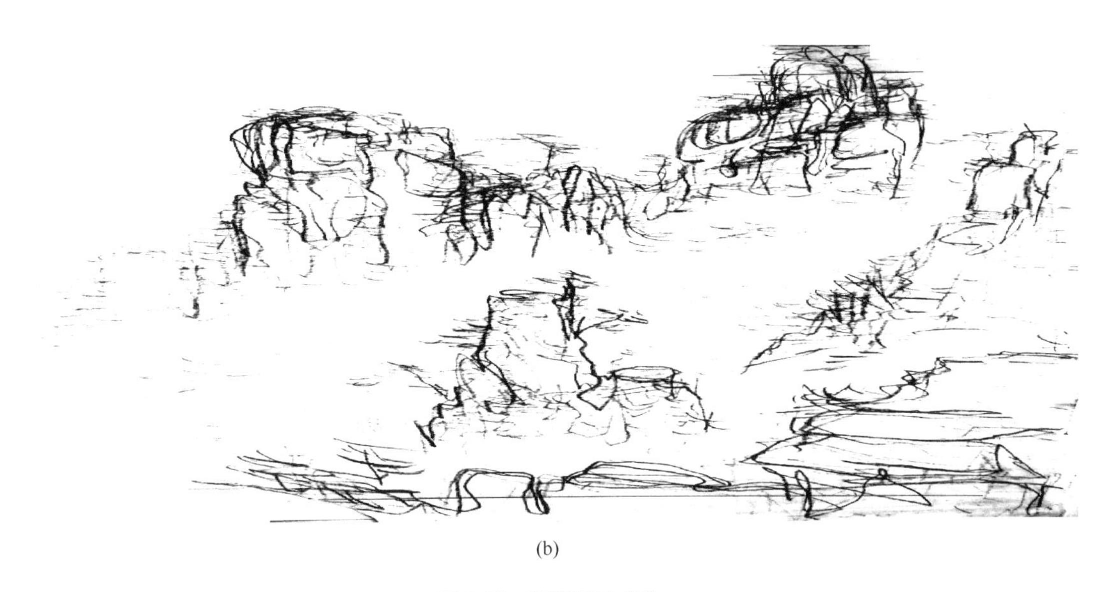

(b)

图2-59　钢笔速写（2）

图2-60　园林钢笔写生（作者：范洲衡）

图2-61 园林钢笔写生（作者：范洲衡）

图2-62 园林钢笔速写（作者：范洲衡）

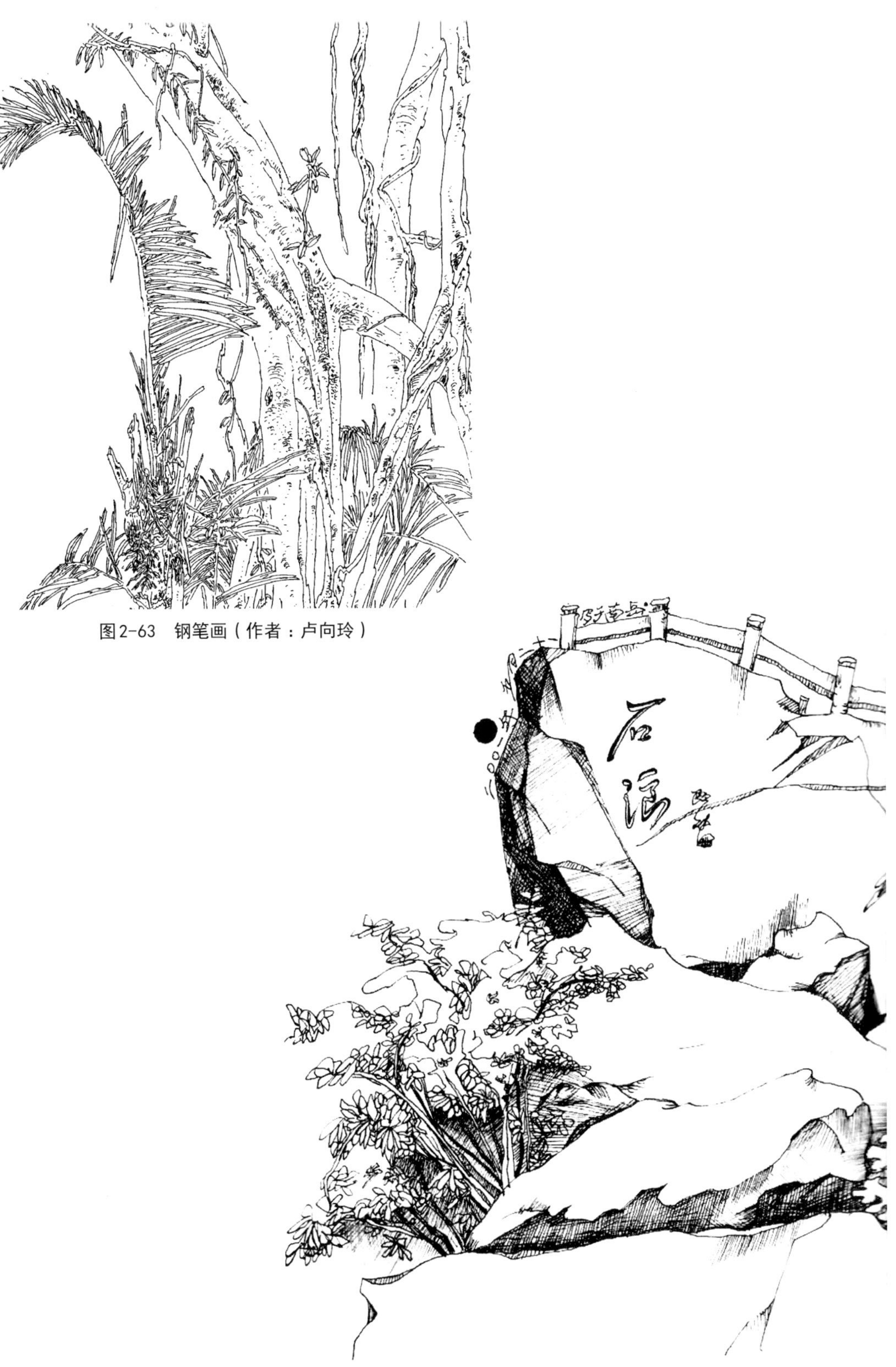

图2-63 钢笔画（作者：卢向玲）

图2-64 钢笔画（作者：肖友民）

思考与练习

1. 素描造型的基本技能包括哪些内容？
2. 提出你对学习素描课程的建议。
3. 体面在形体塑造中有何意义？举例说明体面的三种基本形式。
4. 概述静物写生的步骤及其要点。
5. 举例说明线性结构素描结构造型的方法要点。
6. 你怎么理解树木的形体和空间？
7. 对于一棵树的光影变化你怎么处理？
8. 你应该如何练习钢笔风景画线条？
9. 概述线面结合表现法的步骤及其要点。
10. 中国传统山水画法对你创作植物钢笔画有哪些启示？
11. 试述进行园林风景画写生与创作的步骤与练习方法。

第三章

园林色彩速写技法

技能目标与教学要求

掌握景观色彩原理，了解景观色彩的应用、水彩画的基本知识及常用的工具材料。掌握水彩画基本画法，熟练运用表现技法。在理论上充分理解水彩画的各种常见问题，用以指导实践操作；在实践操作上能扬长避短，充分表现水彩画应有的韵味，掌握色彩写生方法与步骤，为进一步学习景观色彩表达打下坚实的基础。

第一节　色彩画原理

一、色彩观察基本要素

园林美术自然离不开色彩，所有的物体都是由基本形状和色彩组成的，色彩是构成园林美术的一个非常重要的部分。

“色彩是光之子，而光是色之母”，有光才有色，离开了光，色彩也无从谈起。光不但让人们看到千差万别的形象，还让人们看到千变万化的色彩。

1.光源色

光源色是指由各种光源发出的光照本身的颜色。

不同的光源会使物体产生不同的色彩。例如，清晨的阳光呈黄色，则被照射物体偏黄色；中午的光最亮，呈白色，则被照的物体明暗对比强烈；傍晚的阳光呈现出暖暖的红色光，则被照射物体就偏红色。由此可见，相同的景物在不同光源下会呈现出不同的色彩（图3-1）。

早晨

中午

傍晚

图3-1　莫奈《鲁昂大教堂》

这几幅《鲁昂大教堂》让人们看到不同光源色照射下景物产生的不同颜色

光源分为自然光源和人造光源两种。自然光源即自然界中的光源，包括太阳光、反射光（蓝天、月光）等；人造光源是指人造发光体发出的光，例如各种灯光。

2.物体色（固有色）

通常指物体在白色日光照射下呈现的颜色。它是人们在日常生活中恒定的色彩概念，如红色西红柿、橘黄色橘子、紫色或绿色葡萄等。完全绝对的固有色是不存在的，它受光源色和环境色的影响，例如，衬衫在正常日光照射下呈白色，在蓝色灯光下则呈蓝色。

3.环境色

环境色也称“条件色”。环境色是物体受到周围其他物体反射光的影响而使其固有色产生变化后的颜色，多呈现于物体的周围和暗部。

二、色彩的属性与分类

（一）色彩的三属性

色彩分有彩色和无彩色两大类。无彩色指黑色、白色和深浅不一的灰色，其他所有颜色均属于有彩色。有彩色具有三个属性，也是三个基本特征：① 色相，即色彩的相貌特征，是区分色彩的主要依据，如彩虹由赤、橙、黄、绿、青、蓝、紫七种颜色组成，它们是最基本的几种色相；② 纯度，也叫饱和度、彩度、艳度或色度，指颜色的纯洁程度；③ 明度，色彩的明暗程度，体现为颜色的深浅（图3-2）。无色彩只有一种基本属性——明度，没有色相和饱和度的区别。

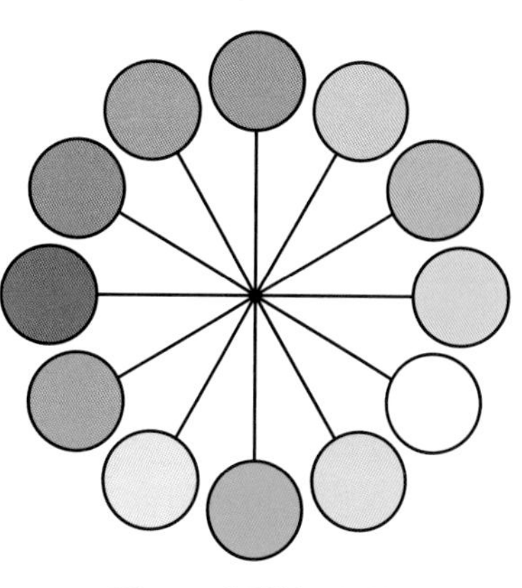

图3-2 色彩的三属性

（二）色彩分类

1.原色

所谓原色，又称一次色、基色，即按不同比例可以调配出其他色彩的基本色。原色的纯度最高，最纯净，最鲜艳。三原色不能由其他颜色混合产生（图3-3）。

2.间色

间色是由两种原色混合而成的颜色，又叫二次色。红＋黄＝橙，黄＋蓝＝绿，红＋蓝＝紫。橙、绿、紫为三种间色。三原色、三间色为标准色（图3-3）。

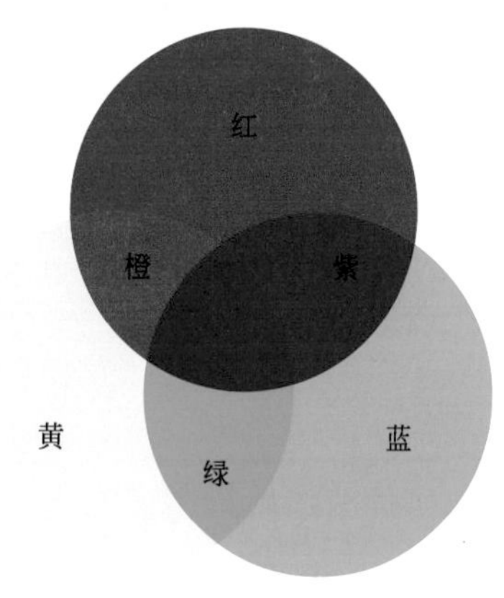

图3-3 色彩分类

3.复色

复色由三种原色按不同比例混合而成，或两种以上间色混合而成，也叫三次色。颜色混合种类越多，纯度越低。复色种类繁多，千变万化（图3-3）。

4.近似色调

近似色调指比较接近的颜色，颜色之中含有部分相同色素，如橙色的近似色就是红色和黄色（图3-4）。

(a)

(b)

图3-4 刘远志作品
画面表现了逆向光源效果，采用了橙色、红色、黄色等临近色为主色调

5.补色调

补色调是指色相环上相隔180° 的两种颜色，是色彩对比之中最强的一种对比形式。三种最基本的补色是红与绿、蓝与橙、黄与紫。如果想在作品中使色彩强烈而突出，那么就选择对比色。例如紫色背景搭配黄色，会给人带来强烈的视觉冲击力。

6.冷、暖色调

日常生活中人们会对色彩产生相对固定的冷暖感觉，例如太阳光能给人带来温暖的感觉，所以红色、橙色和黄色会使人感觉温暖。海水、蓝天、远山和绿树常常给人清爽的感觉，故蓝色、青色、绿色会使人感觉清爽（图3-5、图3-6）。色彩的冷暖感觉是人们

图3-5 刘远志作品
画家以蓝色为主调点，缀小点暖色表现出清冷的夜色

图3-6 凡·高《向日葵》
作品让人们不觉联想到金色的阳光下，生气勃勃的向日葵正在尽情地吸收着热量

经过长期实践后得出的结果。色彩的冷暖是相对而言的，无彩色中，黑色比白色暖。有色彩中，同一色彩中含红、橙、黄成分偏多时偏暖，含青、蓝、绿的成分偏多时则偏冷。由此可见，绝对的冷色、暖色是不存在的。

7.对比色调

两种以上的色彩搭配在一起，以空间或时间关系相比较，能比较出明显的差别，被称为对比色调。

（1）色相对比调　因色相之间的差别而产生的对比叫色相对比（图3-7和图3-8）。

图3-7　马蒂斯《国王的悲伤》

这是一幅剪纸作品，画面中类似人形的图案只是一种符号而已，画者重在通过黑、黄、蓝、绿等不同色块的并置与对比，表达美感，释放心情

图3-8　在这幅画中仅用三种色彩，即红色屋顶、绿色植物和蓝色天空。通过三种色相之间的强烈对比，使画面散发出动人的魅力

（2）明度对比调　因明度之间的差别而形成的对比叫明度对比。无色彩中白色明度最高，黑色最低。在有色彩中，柠檬黄明度高，蓝紫色的明度低，橙色和绿色属中明度，红色与蓝色属中低明度（图3-9～图3-11）。

图3-9　修拉《大碗岛上的星期日下午》

前景为暗绿色，中间是黄色的亮部，树木也是暗绿色，画家用高明度黄色表现出强烈的太阳光。整幅画用颜色间的明度对比突出强烈的光感

图3-10　凡·高《阿尔的露天咖啡馆》

画中灯光照耀下的橘黄色的天篷，与深蓝色的星空形成鲜明的对比，表现出画家复杂的心态

（3）纯度对比调　因纯度之间的差别而形成的对比叫纯度对比，即指色彩间鲜艳程度的对比。

（4）补色对比调　将红与绿、黄与紫、蓝与橙等具有补色关系的色彩彼此并置，使色彩感觉更为鲜明，纯度增加，称为补色对比（图3-12）。

图3-11　红、黄、蓝、绿不同的明度形成主次层次

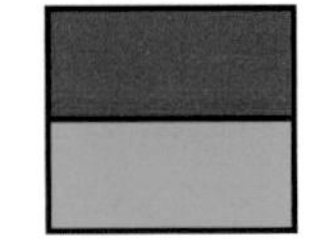

图3-12　补色对比

（5）冷暖对比调　由于色彩感觉的冷暖差别而形成的色彩对比，称为冷暖对比（红、橙、黄使人感觉温暖；蓝、蓝绿、蓝紫使人感觉寒冷；绿与紫介于其间）。另外，色彩的冷暖对比还受明度与纯度的影响，白光反射高而让人感觉冷，黑色吸收率高而让人感觉暖（图3-13、图3-14）。

图3-13　凡·高《文森特在阿尔的卧室》以暖色为主，虽然四壁寒冷，居家的家具却极暖

图3-14　漓江（作者：范洲衡）

夜雨之后，清晨的漓江阳朔码头仍有丝丝凉意，然而春夏的曙光却带着微微紫气普照大地。无论什么色调，具备自然光照射下的色彩关系的景物写实画面就叫做“全色画”，即每个画面都具有光谱色素

第二节　水彩画写生

一、水彩画的特点

水彩画是以水为媒介调和颜料完成的绘画作品。水彩画起源于欧洲，兴盛、发展在英国，传入我国已有百年历史，现在已成为一个极为普及的画种，为许多艺术家所喜爱。水彩画因其工具材料的特性，及其表现方法与其他画种的不同，形成了自己透明、润泽及诗情画意般的艺术特色（图3-15）。

图3-15　萨金特《阳台》

画面具备逆光产生的冷暖色彩对比关系，每一个部分都画得很透明，而用笔干湿浓淡、轻松自然

1.水

初学水彩画的人，对于水分的处理，都觉得较难掌握。水分不足，会使画面干枯，了无生趣；水分太多，又会弄得一塌糊涂。一幅优秀的水彩画作品要求画家能够熟练地掌握画中水的多少，利用水来完成丰富多变、酣畅淋漓的画面效果。

2.色

水彩颜料的颗粒细腻且透明，颜料的特殊性决定了它不能像油画和水粉画一样将事物刻画得真实而厚重。优秀水彩画作品会给人水色流畅、透明且活泼生动的感觉。

3.纸

水彩画用纸十分讲究，水彩专用纸分粗面、细面和滑面三种，可利用不同纸面产生不同的肌理效果，来表现相应的事物。

4.时间

时间与水分的掌握要恰当，干后画法要慢，趁湿画法要快。叠色太早水分太多，易失去应有的形体；叠色太晚颜色太干，水色不透明，衔接起来会很生硬。恰当的表现需要多加练习和尝试（图3-16～图3-18）。

图3-16 水彩作品（作者：刘远志）

先画大面积的各色调，物象轮廓模糊处是趁底色湿时画上去的，清晰处是底色干后画上去的

图3-17 水彩作品（作者：申思明）

作品天空和远景树用湿画法，中景小屋和近景地面用干后叠加画法，产生近实远虚的视觉整体效果

图3-18 水彩作品（作者：范洲衡）

此图是南方山区的晴天，中午灰白的阳光照在古老的南岳福严寺内。画面干湿结合，并在近实远虚的空间感处理上运用了擦洗手法以产生效果

二、水彩画的材料与工具

学习水彩画必须首先了解和熟悉水彩画的材料与工具，这样才能更好地掌握与运用以完成作品。每个画种，都有其特殊材料和工具。学习色彩同样也需要对表现色彩常用的画种和工具有所了解，只有首先了解和熟悉色彩表现所用的工具、材料等性能，才能更好地掌握与运用它。

1.水彩颜料

好的水彩颜料含胶质少，多为植物、矿物性颜料，使用群青、翠绿、赭石、土红等有色矿物性颜料作画时容易出现沉淀效果，可以在画面中适当运用。水彩颜料分干块状和湿胶状两种。干块状颜料用时要先用水将颜色溶下后才能使用，使用起来比较麻烦。湿胶状的颜色是装在锡管里的，使用时可将颜色挤入调色盒中，较为方便。

水彩画颜料种类繁多，可依个人的习惯选用，以下是比较常用的水彩颜色：红色类有深红、大红、朱红、橘红、玫瑰红；黄色类有土黄、橘黄、中黄、柠檬黄；蓝色类有普蓝、群青、湖蓝、钴蓝；绿色类有翠绿、淡绿、粉绿、深绿；褐色类有熟褐、赭石。

2.画纸

水彩画纸的种类很多，水彩画纸的优劣对画面的效果影响很大，同样的技巧用在不同的画纸上，效果是不大一样的。初学者宜先选用较小的画幅、粗细质地适中、坚韧的水彩纸进行练习，容易把握。

3.画笔

铅笔是打稿用的，可选用HB铅笔，因为它的铅软硬适中，而且颜色浅，着色时可用色盖过。好的水彩画笔需有一定弹性和吸水能力。专用的水彩笔分平头和圆头两类。市面上常见的是用天然与合成材料做笔毛，除此之外还有羊毫、狼毫、貂毛画笔。初学者需要准备大、中、小三种型号的圆头水彩画笔，也可用国画用笔代替，并准备一把3 ~ 4cm宽的板刷在涂大色块或铺色时使用，具体描绘时再准备两三支中、小平头画笔即可。

4.调色盒

调色盒是用来贮存颜料、调配颜色的盒子，一般可选用白色的塑料调色盒，按照颜色的冷暖将颜色放入调色盒中，可保持色彩的纯净度。调色盒在结构上有两种：一种是翻盖式的，盖上有孔，拇指伸进便于托拿，这种调色盒比较轻便，但盛的颜料较少，适用于外出写生；另一种是掀盖式的，盛的颜料较多，因为盒盖与盒身脱离且没有孔，只能放在桌上使用，适用于在室内画较大的作品（图3-19）。除此之外还可使用其他白色盘或白色瓷盘调色。颜色用完后，可以加几滴水，盖好盖子，便于保湿，避免干燥。干透的颜色很难溶解，一般不能再用。因此，颜料一次不要挤过多，避免浪费。颜料在调色盒内要有规律地排列，便于找色调色。如把接近补色的颜色靠在一起，颜色就很容易相混变脏。所以色彩在排列时应根据明度的深浅不同和冷暖关系如下排列：白、柠檬黄、中

图3-19　调色盒

黄、土黄、橘黄、朱红、大红、玫瑰红、深红、赭石、熟褐、浅绿、草绿、翠绿、墨绿、湖蓝、普蓝、群青、紫罗兰、黑。

5.画板

专用画板或画夹。同时包括工具袋，可以背与提，携带方便。

6.水桶等其他工具

美术专用的水桶可以折叠，便于携带。应该准备一块抹布，比如旧棉布、旧毛巾，在作画的过程中可以用来吸收画笔中含有的过多的水分，避免画笔的水分乱甩，四处飞扬；也可以抹去画笔中残留的废色，避免全部吸入水桶中，使调色用水保持干净。作画结束还可以将抹布洗净放入调色盒中，保持盒内颜色湿润。橡皮、喷壶、壁纸刀、图钉、水胶带、大号板刷等也都应准备，这些都是用来作画、裱纸用的工具。

三、水彩画基本技法

水彩画的技法方法很多很复杂，下面介绍几种最基本的技法。

1.用笔

画笔是绘画表现的主要工具（其他还有画刀和追求画面特殊效果的工具）。在色彩画中，颜色是通过各种画笔的运笔方式与技巧产生表现效果的。灵活运用画笔的质地（软硬），型号（大小），形状（扁、圆、尖），蘸色、含水的多少，色彩的厚薄、干湿，及各种运笔的方式与技巧，可真实而生动地表现出复杂多样的形象、景色。笔触可以加强主题的气氛、意境，能抒发作者的激情和某些主题的运动感，还可以产生画面的韵律美。许多别致的色彩效果常依赖于笔法去获得。

用笔的方法应照眼于所描绘的对象，从表现的需要出发，一笔下去，笔有大小，触有轻重。用笔的快慢、长短、宽窄等不同形状可以给人不同的感觉。应该根据物象的不同结构、不同质感和作者的不同感受来用笔。切忌千篇一律地依据自己习惯用笔法或单纯模仿某一笔法。盲目地乱涂，单纯地玩弄笔触，为追求笔触而画，华而不实，都是不对

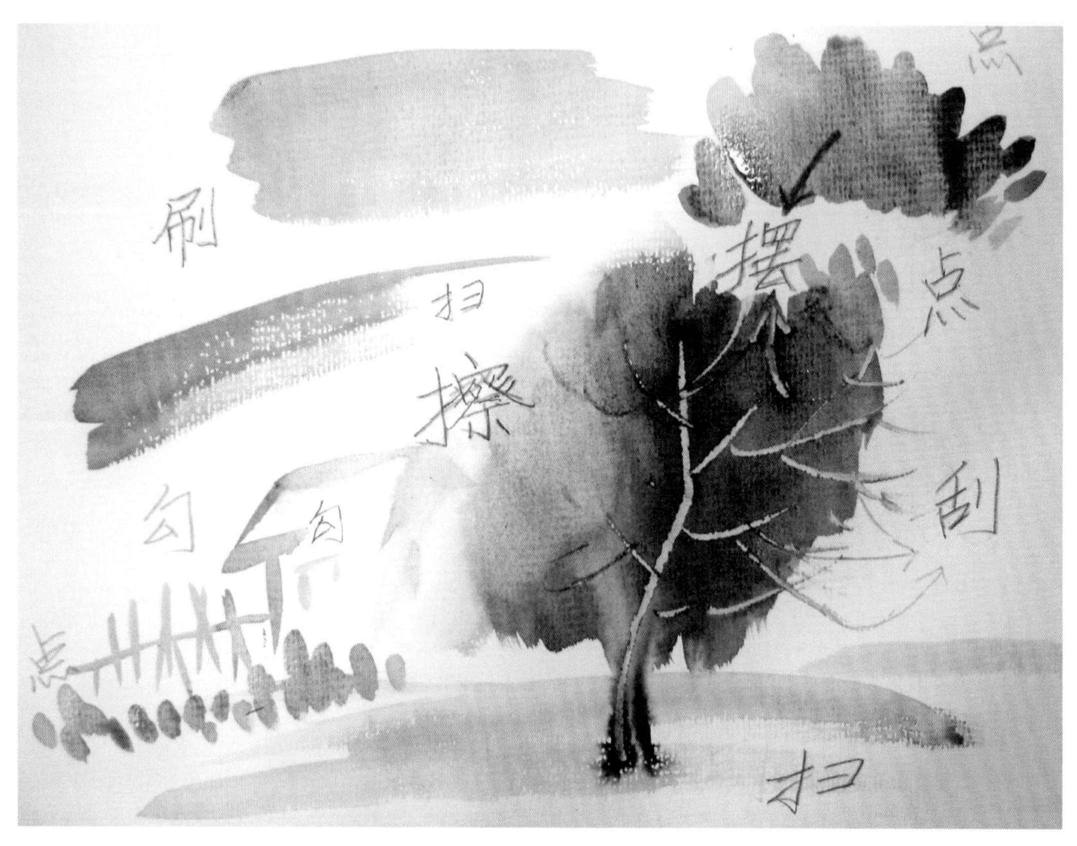

图3-20 水彩画的笔法

的。根据表现对象的不同需要，可分为刷、摆、扫、擦、点、勾、刮等笔法（图3-20）。

“刷”是用笔在画面上来回走动，运笔较快，笔触呈片块状。

“摆”是用扁笔一笔一笔摆上去，运笔较慢且厚，笔触明显、肯定。

“扫”是笔头快速而过，动作较大，豪爽奔放，大都是横扫，会产生飞白的效果。

“擦”是将笔上水分挤干，含色少而厚，用笔肚轻擦画面，颜色薄薄地浮在纸上，露出底色。

“点”是笔尖接触画纸，面积较小，可用小笔来画，也可用大笔来画。

“勾”是用笔把物象的外形轮廓有虚有实地勾画出来，强调形体，勾要有轻重、粗细、虚实变化。

“刮”是用笔杆或者小刀在刚涂的未干浓重色块处刮出白线或者白点，以表现深底色上浅色的树枝、杂草等。要刮的地方必须事先涂得厚，水不宜太多。

2.调色

把观察到的色彩关系用颜色表现出来，调配并表现在画面上。初学者往往对色彩有一定的认识能力，能看出来，但是表现不出来，或者调出来的颜色不搭调。这就是所谓的眼高手低，有理论的认识问题，主要还是实践经验问题。常见调色问题处理方法如下。

① 颜色的种类很多，但一般不能不调配颜料就直接画在画面上，要经过调色后才能把景物的丰富色彩表现出来。

② 初学调色时不要总是亮处加白色，暗处加黑色，这样色彩只有深浅变化而无冷暖变化。初学时一定要做一些色彩的小练习，调出各种不同的小色块。每次调色时通过水分与颜色用量多少可以看出色彩的变化，丰富自己对色彩的认识。

③ 水彩颜色的干湿变化非常明显，就像洗衣服一样，泡在水里的衣服颜色变深，干后颜色变浅。所以在调色时要考虑到颜色干时的效果能否达到未干时所表现的状况。

④ 处理好调颜色和看颜色的关系。看不准就不要调，先要看色彩整个色块的色彩倾向是偏向什么色相，再看局部色彩。决不能看一块调一块，调一块画一笔。

⑤ 调色时不要用笔来回搅拌得太久，调得太均匀就有点“死”了，还容易起泡。一笔数色，只要略加调和，不但不会呆板，还能产生生动的效果。

⑥ 写生调色时，由于有些景物色彩非常含蓄，很难用几种色一调就调出来，需要加入一些复色，如熟褐、赭石、墨绿等，甚至加一些调色盘上那些看似很脏的色彩，就会变得恰到好处。因为这几种颜色都含有三原色的成分，是绘画上的常用色，但是也要注意用得过多也会把颜色弄得很灰、很脏。

⑦ 调色彩时尽量不要加白色或者少调白色，以免失去透明感。如需提高其明度，可用其他浅色调（柠檬黄、土黄、湖蓝、粉绿等）和多加些水来淡化颜料，与白色的纸质结合来提高明度。

⑧ 画大面积色块、色团时，要多调和一些备用，免得边画边调，以致接色不均匀，造成深浅不一。

⑨ 有些调色时出现的问题是根据个人的实践经验总结的，所以应多加强练习，在实践中去体会、理解。

3. 干画法

水彩画透明特性的主要表现是干画法，它是最基本的方法之一，是一种利用不同含量的水来稀释颜料，求得各种色彩的明度效果，层层叠加以达到不同色彩色相、纯度、明度等的变化，逐步增加色彩的饱和度，同时进行深入刻画的一种方法。这种方法较易掌握，适于初学者进行练习（图3-21）。

图3-21 教师作品（1）

干画法绘制的残破墙面。层次清晰，结构分明，质感强烈

干画法中最常用的就

图3-22 教师作品（2）

此作品中多处使用干后重叠法，例如，画树木时先按照植物的外形涂一遍浅色，等颜色完全干透后，再画树林的暗部深色，最后点几笔重色，完成树叶的刻画

是重叠法，又称层涂法，是水彩画的主要表现方法。它是在第一遍颜色干后，涂第二遍或第三遍颜色，直到达到理想效果。但应注意的是，有些效果能一遍到位地画出物象的变化关系，此时就不要涂第二遍，以免出现脏、灰、不透明的画面效果。重叠法在时间的控制上非常宽裕，适合初学者学习。它可以进行细致描绘，层次分明，水彩的透明性能得到充分表现（图3-22）。不足之处是易使画面碎乱、呆板和灰脏。

4.接色法

接色法是在涂好的色块旁边再画另外一种颜色，要注意颜色和颜色之间是否渗化，是否产生自然过渡与融合，或色块是否要有明显的边缘，以便表现事物的轮廓结构（图3-23、图3-24）。

5.湿画法

湿画法和干画法一样是水彩画最基本的表现方法之一，能体现水彩画润泽的特性。

湿画的方法大致有两种：湿的叠色和湿的接色。

（1）湿的叠色：将画纸浸湿或用干净的排笔均匀而快速地部分刷湿，未干时进行着色和叠色。在打湿的画面作画，用色要浓厚，才能保持色彩的饱和程度与应有的笔触，对物象进行明暗和结构塑造（图3-25）。

（2）湿的接色：趁水色未干时接色，使水色互相流渗，颜色之间没有明显的交界线，画面自然而韵味十足，适合表现天空过渡和渐变的远景。接色时要注意对颜料中水分的把握，避免水色流淌使画面形体支离破碎。

大多数水彩画中都是采用干湿结合方法，以湿法为主的画面局部突出干画法（图3-25），以干为主的画面也有湿画法的部分（图3-17），干实湿虚，干湿结合，虚实相生，相得益彰，浓淡枯润，妙趣横生。

图3-23 教师作品（3）

作品中玻璃器皿采用的就是接色法，颜色之间没有晕化，将形体塑造得很结实

图3-24 教师作品（4）

湿着叠色和接色，使远处水天相接的地方没有明显界限，船体明暗和纹理表现得恰到好处

图3-25 《西双版纳》

四、水彩画的常见问题

1.构图的取舍

写生的对象不可能是完美无缺的，不同角度各有千秋，有不同的位置关系、完整关系、主从关系等。特别在风景画的写生对象中，景物形形色色，甚至杂乱无章，层次不明，主次不清。所以，不得不进行必要的物象取舍，以突出主体对象，依次选择与主题内容相符合的对象，剔除不相干的多余的物象。这也是为什么艺术作品看上去总要比现实生活要完美得多。因此，构图从整体上决定了画面的基本效果。

2.方法的选择

方法的选择是由各种因素决定的，如不同物象、不同光线、不同天气，还要看作画的先后关系等。一般一要看物象的质感适合用什么方法表现最贴切，如光亮的可以用干画法，粗糙的可用湿画法；二要看具体景象是什么，如天空用湿画法，地面就用干画法；阴天用湿画法，晴天就用干画法；三还要看整个画面哪些地方需要使用干湿方法的结合，产生丰富多彩的变化，才能将对象进行恰到好处的刻画，甚至可用一些特技，如水冲法、洗擦法、平刮法、洒盐法等。

3.效果的把握

每一次作画练习都有可能使画面产生或灰淡、或花乱、或黑脏的状况，不是整个画面，就是某个局部。其原因一般首先是观察得不够准确，心里没有把握，反反复复地清洗画笔，在画面造成水分过多而灰淡；再则是颜料没有通过相互调配就直接画到了物象上，看一笔画一笔，没有从整体到局部进行过渡衔接与变化统一，笔画色彩过于花哨与凌乱；或者是看不出每一种色彩倾向和整体色彩感觉，将物象画成了明暗光影的单色效果，暗部全部用黑色画。有的初学者素描基础不好，画不出立体空间的效果，在画面重重复复地画会导致画面脏。

再者就是初学者在笔法上常出现的弊病，可归纳为以下几类：

① 着眼于从局部画起，喜欢用小笔画而失去整体关系；

② 只用一种笔法描绘不同形体与质地的物体，缺乏笔法变化，效果单调，失去生动感；

③ 用笔不能紧密结合形体结构，形体塑造缺乏严谨与厚重感；

④ 用笔烦琐，笔调无轻重缓急的节奏感；

⑤ 笔法软弱无力，无强弱虚实的变化，使画面失去神采。

五、水彩静物写生

1.步骤与方法

（1）起稿　起稿分铅笔起稿和钢笔起稿。铅笔起稿最好用HB或B型，其软硬适中，着色时不会有水色与铅灰相溶而弄脏画面的问题，并且线条较为清晰。铅、钢笔勾线时最好不用橡皮，否则擦磨纸面会影响着色的匀净。在起稿之前，要把握好构图，打好基本轮廓之后将高光和明暗交界线轻轻勾出，多余的铅笔线待画完干后再用橡皮擦掉。用钢笔起稿时一定要准，否则无法修改，影响画面效果。起稿要求形体准确，高光、反光、明暗交界线、投影等都应尽量交代清楚位置，对画面的各部分都要做到心中有数，以便下一步的顺利进行。

（2）铺大色调　湿画法，看准颜色一次合成；干画法，涂第一遍色，画出大的色彩关系，找出层次，做到心中有数，然后开始分层叠色。因水彩没有覆盖力，所以涂色时要先将高光部分留出，抓住总的色彩印象，争取一遍色就到位。大多水彩作品都是干湿画法结合完成的。

（3）深入刻画、调整完成　这一步主要是细节刻画，要求用一些果断的笔触，深入而充分地刻画。在追求物体的质感和细节表现的同时，要时刻注意画面色彩的整体效果，以免出现“碎”“花”“死”等现象。如出现不协调因素，可以用罩色或采取直接将色洗掉的方法调整画面，使其达到协调统一的效果（图3-23）。

2.铅笔起稿画水彩案例分析

案例图见图3-26。

(a) (b) (c) (d) (e)

图3-26 水彩作品（1）

这幅画的水果整体色调偏冷了点。色彩不新鲜，主要是塑造不到位，次数过多而引起的

① 观察完对象的形体及位置后，在自己的画面进行必要的调整、取舍及适当添加，使构图理想化。

② 用冷暖两种黄色打底后再分别画出不同物体的亮面和暗面固有色，以表现出画面光影和物象中的基本色素关系。整个作画过程用笔大胆、整体，从湿到干，从整体到局部，逐步深入到细节刻画。

由于劣质水彩纸的纸质松软，透水发皱，使水果的色彩变灰，整个画面易产生霉变的现象。所以，绘画的工具材料必须用合格的产品，如此才能有合格的作品！

3.钢笔起稿画水彩案例分析

案例图见图3-27。

(a) 实物

(b) 通过取舍调位后，用铅笔确定对角线构图，再用钢笔进行勾线造型，突出大体轮廓和基本明暗关系，及不同笔触所表现的质感特征

(c) 首先大胆画出决定画面基本色调的每一块固有色，注意各类色彩调配的深浅浓淡及明度、纯度变化

(d) 进一步明确各个物体的基本色彩关系，将光源色、固有色、环境色等所在物体的各个部位表达出来

(e) 调整画面的整体色彩，使各个物象的色彩变化到位，协调统一在相应的主次层次及虚实关系之中

图3-27　水彩作品（2）(作者：范洲衡)

除了茄子的用笔比较轻松水灵外，其他果蔬画得还不够简洁明快和生动自然

4.不同质感的表现

静物中的各种器物不仅各具其形色、体积，质感也是丰富多样的。在生活中，人们凭借触觉、听觉、视觉、嗅觉来判断各种器物的硬度、声音、色彩、味道，形成一种综合印象。所谓“望梅止渴”之类的说法，说明了视觉形象能够引起人的心理效应。不同的质地感觉不仅能丰富画面的艺术效果，而且可以用来作为传达某种情感和心理刺激的形式因素。因此，研究物体质感的表现，其意义远不限于表现客观对象本身，它将为人们进行新的艺术语言的探索提供丰富的原料和多方面的启示。以下分述各类物体的特征及表现。

① 透明体。从绘画的角度看来，透明体是通过光线透射来显现其色彩的，不同的质料、形状、厚度、角度等呈现出不同的透射效果。一只装有茶水的玻璃杯，它不像陶罐那样在一道光的照射下有明显的受光面和背光面的明暗关系，最明显的色彩是来自背景的透射和各反光斜面映出的反射光。在阴影部分也并不都是阴暗的色调，玻璃杯的透光折射和聚光作用在阴影中形成异乎寻常的明亮色彩；由于茶水的滤色作用，阴影被笼罩上一种暖黄色的色调。有色彩倾向的透明物体，如彩色有机玻璃、红蓝墨水、滤色胶片等，因为它们只透射某种色光，透过这种媒介观察自然景物时，也就如同人们平时所说的戴着有色眼镜观物，景物被染上一种既定的色调。在自然界中，还有很多介于透明和不透明之间的物体，例如薄纸、毛玻璃、绸布料、树叶、花瓣等，在一般情况下，人们并不把它当做透明物，但在逆光条件下，其透光效果所形成的色彩显得特别鲜明（图3-28）。

图3-28　学生作品

本作品虽然幼稚，但造型简洁、色彩明快，用湿画法体现了水彩画润泽、透明的基本特点

② 平滑、光洁的物体。表面是光滑的物体，会对光线构成有规则的反射，如玻璃镜子、电镀板等，人们能从中看到周围的影像。当镜子表面发生弯曲时，镜中的景象便随着变形、扭曲，人们根据这一原理制成了哈哈镜。哈哈镜的映象弯形过大时，有时可能认不出原物的形态，但周围物体的色彩却一一可辨。光滑物体不规则的表面，就像无数个镜面连接、弯曲，从不同角度反映着周围的各种色彩——这就是光滑物体的基本特征。平滑光洁之物对光线的变化极为敏感，只要环境稍有改变，都能有所反应，所以，在表现这类物体时，不要被那种光怪陆离的现象所迷惑，只要仔细分辨，都可以找到各个面上的光色变化形成的原理。坛子、盘子、玻璃杯都很光滑，反光多，投影也多，但是经过细致分析整理后概括出的色彩既能表现静物固有色，又能表现出环境色，稳重而不乱（图3-29、图3-30）。

③ 表面粗糙的物体。树皮、地毯、棉团、泥土等，由于表面凹凸不平，对光线形成漫反射状，与光滑的物体比较，有所不同。其一是粗糙的表面在受光后形成许许多多小的明暗面，有着极复杂的变化，由亮面到暗面形成慢节奏的色彩推进，过渡柔和，随着受光部→侧光部→背光部的体面转折，有秩序地排开亮调→灰调→暗调三种基本层次。其二是对环境色光的影响反应迟钝，由于反光能力差，没有反光，对周围环境的影响力较小。在明暗变化、色相变化、纯度变化上都有相对的稳定性。

图3-29 静物（作者：申思明）

本作品光感很强，色调鲜明，用干画法层层塑造了每一个细节的素描与色彩关系

图3-30 静物（作者：刘力涛）

作品物象内容组合与形式呈直角三角形。酒瓶、苦瓜、胡萝卜的色彩造型质感逼真

质感表现通过研究不同物体的差异性，以掌握相应的表现方法。因此，在练习中应严格要求，仔细分析。例如，在画衬布时能否区别画出皮革、粗布料与化纤制品、丝绸等的质感差异？能否区别画出毛桃、鸭梨、苹果、板栗等在感觉上的差异？能否画出木器、漆器、瓷器、陶器、铁器、金器、银器、不锈钢制品等不同的视觉效果？

5.静物的选择布置和画面处理

一般地说，选择和布置静物的过程，就是对未来画面的构思、构图、色调甚至表现方法设计的过程。

在现实生活中，可供静物写生的题材很多，如室内一角、厨房炊具、文化用品、劳动工具、文物古董、蔬菜瓜果等均可入画。这种静物往往与其典型环境相配合，自然朴实，蕴含着浓厚的生活情趣。

作为技法练习的静物写生，应根据画者的具体水平确定作业要求，有目的、有计划地选择和布置，由简入繁，循序渐进。初学时，应尽量选择造型简括、色彩单纯的静物。为使主体突出，可选用适当颜色的衬布加以衬托。如果室内光线条件不佳，可采用聚光灯照明，待掌握了基本的写生程序和基本技法之后，逐步加大练习难度。如：由单个静物写生转入群体静物组合、不同形状和质感的静物组合、对比色的静物组合、类似色的静物组合等写生练习。在用光方面，也可采用室内自然光、混合光、室外光等，以锻炼在多种条件下进行艺术表现的技能技巧。

画面处理包括取景角度、构图方式、造型手法等各个方面的综合应用。在观察对象时每个人都有一个角度选择的问题，分析从物象的上下左右哪个角度去观察才是自己想要表现的：是把物象画近一点使构图饱满一些，还是画远一点来缩小对象在画面的大小；选取哪些物体的哪些方面的特征来表现，是全选还是选择某一部分来搭配；是否还要对各个物体在画面的实际位置做一些适当的调整；是用干画法、湿画法，还是干湿结合画法；是笔法粗狂画简笔大写意风格，还是用笔细腻些画写实风格等。这些都是作画前的构思和操作时必须对画面明确要求的，这样才会有一个完善的画面内容与统一的风格形式。

第三节 园林风景色彩速写

一、园林风景的色彩特点

园林风景主要是以描绘自然景物为主要内容的绘画题材。园林风景写生使人们有机会接触各种复杂自然光下的色彩，观察、研究自然界千变万化的色彩关系。风景画可以有创作和习作之分。创作是表现大自然，抒发人的思想感情的一种美术体裁。一幅好的风景画并不只局限于简单地模仿对象，而是以客观自然为依据，通过美术家独特的感受，创造性地再现自然的美，反映作者的理想、愿望和感情，它具有深刻的意义和特有的情调。而习作只是一个循序渐进的练习过程。风景描写的对象是一个复杂庞大的空间实体，初学者要选取一个理想的描绘题材，组成一个完美的构图往往会感到很困难，这就需要培养自己对自然风光的观察力和感受力。实际上，一些很平常的景色在自然季节、气候、光线、时间等变化的情况下，常常会表现很美的情调和意境，并可以表现得十分动人。选择一个描绘的景色，要具有地方特点和环境特点，如城市园林、郊外园林、水乡、渔村、森林、黄土高原等。它们在各种自然条件下会变化，它们的形象、色彩、环境能给人以精巧、优雅、沉寂、浓艳、雄浑、壮阔、古朴等不同的感受。

二、时间色彩

时间和颜色这两个看似毫不相干的概念其实存在着非常密切的联系。生活中人们都有这样的经验，春天，万物复苏，嫩嫩的新芽展现出一片新绿，让人感受到勃勃生机；夏天，绿树红花，展现给人们的是一片浓艳的色彩；秋天，收获的季节，总会让人们想起金灿灿的麦田和飘落的黄黄的叶子；冬天则白雪皑皑。不光是不同的季节有着不同的色彩，就是在一天之中，早晨、中午、傍晚的色彩也是不同的，时间对景物色彩变化影响很大。前面提到的印象派画家莫奈以教堂为表现内容，画出一天之内不同时间里色彩变化的作品数张，这些作品是时间对色彩的影响的最好诠释。

常见景物表现如下：早晨，大地刚从黑暗中醒来，由于露水和雾气较重，整个对象偏冷，显得朦胧。太阳出来以后，景物的受光部分为偏玫瑰色、淡黄色一类的暖色，背光部分为相对偏紫、蓝绿一类的冷色。傍晚，夕阳西下，全部的山川河流被抹上一层金黄，景物的受光部分为淡的橘红色、橘黄色，天空则常呈现亮的黄紫灰、黄绿灰一类的补色。落日后，所有景物逐渐变成紫青色、蓝黑色，直至夜幕降临。早、中、晚的阳光是有差别的，清晨的阳光呈金黄色；下午4点以后的呈橘黄色；中午的呈亮白色，反光强烈，影子偏蓝紫色，色调主要倾向是黄白色或亮黄色。

晴天，阳光的映射下，景物的形体和轮廓变得清楚、明确。光源呈散射光，景物的受光面偏银灰、蓝灰一类的冷色；而背光与立面色度较重，多呈紫褐、褐绿、赭绿等一类的暖色，反光不明显。阴天，由于阴天缺乏阳光的照射，物象的色彩和明暗基本没有鲜亮的表现。

雪景，地面、树林、山岭上的雪色彩特别亮，天空往往处于中间色阶，如有阳光时雪的受光面亮而暖，投影由于受天光影响带一点蓝色。画雪时，应尽量画出它的体积感和松软性。

山，远山要画得概括、简练，中山、近山要依据山的起伏、形态等特点画。画山时要注意符合自然规律，注意裁减和取舍。有阳光照射时山一般是受光面暖，背光面冷。

石，要注意表现体积感，受光面呈亮的冷色，背光面呈赭褐、紫褐等一类的暖色。

树，树的色彩主要以普蓝、群青、橘黄、淡黄调出各异的绿。受光面由粉绿、紫罗兰、钴蓝、湖蓝与其他颜色调和后组成。

水，一般要表现静态水和动态水，可以依靠笔触的不同来区别。水往往受天光的影响，波浪暗部色彩偏暖，上午或下午阳光侧射时，水面倾向于较深的蓝紫色，中午偏蓝灰色。

天，天空不能平涂一色，应该上下左右的色彩有冷暖浓淡的变化，要表现出高空感，有时上部颜色深，下部颜色浅；有时上部颜色浅，下部颜色深；不能平涂成一样，但差别不是太大。

云，画云时要注意表现云的立体感与天空的透视关系，云有厚薄、大小、虚实、动静之分。

三、空间色彩

空间色彩实际上指的就是色彩的透视。人们看物体时的透视规律是近大远小、近实远虚，色彩也有相应的透视变化，例如近的暖、明度对比强、彩度高，远的相对冷、明度对比弱、彩度低等。色彩空间形成有两个最基本因素，一是人在看事物时总是近实远虚的，这是一种视觉生理现象，是无法改变的，实和虚在色彩上的具体体现就是冷暖、明度和彩度；另一个比较重要的因素就是空气中所含的灰尘、水蒸气等因素的影响，例如在阴雨天或是雾天时，远处景物会受其影响而变得更加模糊，使色彩出现相应变化。

建筑物形体明确、体面分明。建筑物顺光时由于天空和水面色较深，白房子往往显得特别亮。逆光时，其暗部一般比天空稍暗。要注意建筑物受光面、背光面的色彩对比，受光面因受阳光的影响一般呈暖色倾向，背光面因受天空和地面反光的色彩影响一般呈现冷色倾向。近处的建筑物可适当描绘其外观的材质质感等细节。

总之，在画景物颜色时不能单一，不要树是绿的，就平涂成一片，要有受光和背光，所有物象的受光面与背光面的色彩都呈对比关系，受光面固有色是树的本色，背光面是环境色。其他部分如树的枝、叶都一样，有的地方叶子稀少，有的繁茂，色彩尽量在不脱离主色调绿的基础上丰富一些，如调配粉绿、淡绿、黄绿、青色、土黄、翠绿、蓝绿、紫绿、红绿等。最后，还有关键的一点就是物象的投影，它在一幅画面里是非常重要的，有时画面有些飘的感觉，加上深色的投影就可以增强画面的空间感和纵深感。

(a)

四、园林风景色彩速写的步骤与方法

园林风景速写是了解自然与社会景色，表现自然风光，体验人与自然和谐，以及表现自然光线下景物所体现出的特有韵味的最佳表现手法，这对丰富、提高学生的想象力和创造力有十分重要的意义。学习风景速写首先要掌握正确的方法和步骤。

(b)

1.起稿

用铅笔或钢笔起稿勾出简要轮廓，线条要有粗细、色彩浓淡和虚实变化，尽量简明扼要，表现出远、中、近的大体层次［图3-31（a）和（b）］。

(c)

2.铺大色调

用较清淡的颜色涂第一遍色，按总的色彩感觉迅速铺满画面。着色时从大面积到小面积，铺出大体色调、虚实、冷暖关系，尽量在短时间内完成。然后相互比较，运用不同的笔触画出局部色彩关系［图3-31（c）和（d）］。

(d)

图3-31

3.深入刻画

根据画面的远、中、近景关系，从近至远展开，深入刻画某些局部细节的结构特征。如树的叶冠形象、干的纹理，后面的一棵褐色树木，以及树下的人物点缀和路面的结构透视、远处的建筑轮廓等［图3-31(e）和（f）]。

(e)

(f)

(g)

图3-31 《南国冬日》

4.调整完成

调整远、中、近景关系，符合画面的空间视觉效果，使画面趋于完美。如在天空上又加深了一遍冷色，明确出画面中央部分的远景天空与中景建筑、近景树木的色彩空间层次对比关系［图3-31（g）］。

分析《南国冬日》（图3-31）作画过程中的水彩技法：整体上由远画到近，再由近画到远，干湿浓淡相结合，体现结构明暗。光影色彩冷热搭配，有同类色的对比，如草绿与深绿的对比；临近色对比，如远景中的天空与树木是蓝色类与紫色类对比，树木有土黄与赭石对比；互补色对比，如整个画面是蓝色与橙色、紫色与黄色等的对比。

园林风景色彩速写作品案例见图3-32 ~图3-40。

图3-32 《春雨过后》

钢笔速写，简洁明快，画出场景的结构透视与基本色彩的变化关系

图3-33 《秋冬季节》

图3-32与本图的深色枝条是刮画处理的，由远至近，抓住色调中的褐色、蓝色、黄色进行调和，用笔迅速大胆地画出浓淡空间关系

图3-34 《北国春晨》

此幅作品描绘的是农家小院，笔触简约概括，快速刻画。因为室外光线和颜料干湿变化快的特点，不宜长时间作画，能充分表现出景物和光感就达到了写生的目的

图3-35 《夏日中午》

从这幅水彩速写中可以看出从远到近的几块绿色，在冷暖上、明度、彩度上都有明显的差别

图3-36 《风和日丽》

远湿近干的虚实主次和远冷近暖的色彩层次关系明确

图3-37　《光影》

描绘的是农家小院，笔触简约概括，快速刻画。因为室外光线和颜料干湿变化快的特点，不宜长时间作画，能充分表现出景物和光感就达到了写生的目的

图3-38　《风雨欲来》

远山远树采用偏蓝的颜色，和近处的略带黄意的绿草色一冷一暖对比，拉开了景物的空间距离。远树和山形都被虚化，而对近处树叶刻画较为细致，点画出浓淡层次、疏密动感，符合人的视觉习惯

图3-39 《风欲至，雨未尽》
本幅画整体色彩为冷色调，主要利用同类色的浓淡变化表现空间层次感，其次利用冷暖复色的对比变化明确主次关系

图3-40 《丽江晨光》（作者：范洲衡）

思考与练习

1.以校园一角为速写表现对象，要求有远近空间关系，对表现的建筑物进行深入塑造（4课时）。

2.以江边池泽为风景写生，主要表现水的透明感以及岸边倒影、天空倒影的色彩（4课时）。

3.以郊外乡村田野为表现对象，要求有远山，有村落，或者有田间小路、树木和房舍的相互衬托。注意房屋和树木的比例、疏密、大小、空间等关系。正确表达近景、中景、远景的空间位置关系（4课时）。

4.以园林景观为主，在画大、中、小景观关系时，根据构图的需要，适当取舍，调理出不同景观的空间结构关系和风景时空特点（12课时）。

第四章

园林设计效果图技法

技能目标与教学要求

结合素描色彩知识技能进一步理解园林设计与景观效果的关系，学会园林效果表现的手绘图、电脑图及摄影相关知识，熟练掌握手绘效果图的不同表现方法。

第一节　园林设计构思手绘表现

一、园林设计效果图的特点

园林设计效果图是表现设计者理念、创意的手段与形式，是设计者表现设计意图的工具，是设计者之间、设计者与观赏者之间进行沟通的纽带，它的存在有着特殊的意义和价值。园林设计效果图的表现和一般性绘画有很多相通之处，但各自存在着特点。相对于纯绘画而言，园林设计效果图的表现受到许多方面因素的制约，自由性不强，不能像绘画那样随心所欲地表现。作为一位园林设计者，必须要具备一定的绘画功底，才能熟练掌握绘制园林设计效果图的基本方法，这样经过多次实践才能成为一名合格的设计人员。

及时性——设计灵感一闪而过，方案竞争比较十分激烈，要求必须在最短时间内及时将设计理念表现出来。

直观性——手绘或电绘效果图能让人直观地了解设计创作意图，是看得见的设计思路。

准确性——效果图的表现必须符合园林景观设计的客观要求，根据实际情况进行设计，不能脱离实际约束随意创作，为追求画面的艺术效果而忽视现实性。

真实性——效果图的表现要符合事物存在的客观规律，除景物的形状、结构、比例要准确外，还要注意明暗、光影等其他因素，使效果图更具真实感，在保证准确性、真实性的前提下提高其艺术性。

说明性——效果图的表现要能够明确地展示出建筑及自然景物的外形、结构、比例、大小、透视、色彩、质感以及景物位置的具体安排等。

艺术性——一幅优秀的园林效果图除了要具备真实性、说明性外，也要重视艺术性。如果前者是物质需要的话，那么后者就是精神需要。

二、学习效果图的基本方法

1.临摹

学习中最直接、有效的方法就是临摹优秀的作品。临摹时要明确自己的学习目的，例如，学习他人是怎么用线和运用色彩的。

2.写生

选择一些自己感兴趣的对象。有兴趣观察分析对象时才会更加认真。要对景物的形体、结构、大小、比例等因素都做到心中有数，这样才能更好地进行表现。

3.默写

默写可以加固对临摹或写生作品的印象，使平时积累的素材更加深刻地印在头脑之中，为创作打下坚实基础。

4. 创作

运用头脑中长期积累的素材，尝试着自己进行园林景观的构思与绘图表现。

三、手绘效果图表现的形式

手绘效果图的工具简便快捷，简单的工具又可以缩短绘制时间，表现内容不像电脑效果图那么机械化，给人以生动、亲切之感。这些优势都使手绘效果图在设计领域有着稳固的地位。园林设计手绘效果图因其使用工具的不同呈现出多种表现手法，有素描、水彩、钢笔淡彩、彩色铅笔、马克笔等多种表现形式。这些表现形式的手法都比较容易掌握，而且运用起来快速、方便，表现充分。由于使用工具不同，每种表现手法具有自身独特之处，设计人员可根据不同情况选择最恰当的表现手法。一般情况下都是以某种方法为主，多种工具混合运用，这样有利于更充分、恰当地表现效果。

四、手绘效果图的方法与步骤

1. 起稿

由于园林景观手绘景物空间大，内容比较复杂，所以一般在设计构思成熟后，先用HB的铅笔或者0.5mm以下的钢笔开始起稿，把握好物体的形状、结构、比例和透视等关系。草稿完成后，可以使用一次性针管笔勾绘，也可用细一点的中性笔或者美工笔代替针管笔。美工笔特殊的笔尖可以画出粗细不同的线条，使画面更富有变化。从主体入手，描绘时注意远、中、近景以及主体物与陪衬物之间用笔的粗细要有区别，例如，近景线条相对远景要粗些，主体物线条要比陪衬物的线条粗些。绘制时用线要准确、果断、流畅、自然，切忌反复描摹，对整个画面要做到心中有数。大的结构线（构筑物的结构线）可以借助于各类尺子、圆规，小的结构线尽量直接勾画，所有植物都手绘完成，这样可以避免画面的呆板[图4-1（a）]。

2. 上色

从整体着手，先考虑画面整体色调，然后再找出物体之间色彩的微妙差别。上色时要注意适当地留有笔触，否则一味地平涂会使画面变得呆板，没有生气。从主体物开始上色，上色过程中要时刻注意整体色调的变化，用色要干净、利落、洒脱、自然，要由浅入深、循序渐进。在作画过程中要始终把整体放在第一位。整体就是整个画面的色彩关系、明暗关系、冷暖关系、虚实关系等，只有将整体因素处理好，画面才能达到最佳效果[图4-1（b）]。

3. 深入刻画

深入刻画阶段的主要任务就是要画出物体质感、空间感以及光影和明暗，要理解深入刻画并不是面面俱到，而有选择地进行深入，例如，在主题和陪衬之间就要选择对主体进行深入，而主体部分也要分主次地进行深入，这样才会使画面既丰富又有节奏感[图4-1（c）]。

4.调整完成

这个阶段的主要任务就是对画面进行统一调整，这就要求必须从整体出发，从局部入手，调整画面不协调因素，以达到满意效果［图4-1（d）］。

(a)　(b)　(c)　(d)

图4-1　手绘效果图步骤

五、设计构思草图表现

图4-2所示为线条流畅的庭院景点透视构图布局效果的方案比较（铅笔稿）。

图4-3所示为某道路绿化休闲椅地段的立面图与平面图的对应关系表现（钢笔画）。

构思建筑布局与单体结构表现的铅笔画草图见图4-4。

进行结构、布局的推敲是任何设计施工顺利实施的保证。

(a)　(b)

图4-2　庭院方案比较

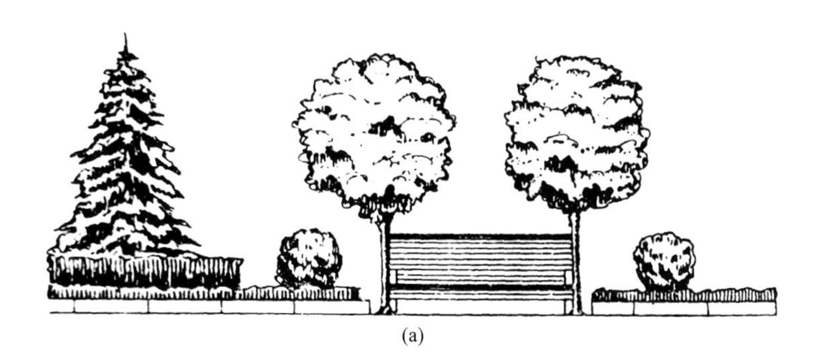
(a)

图4-3

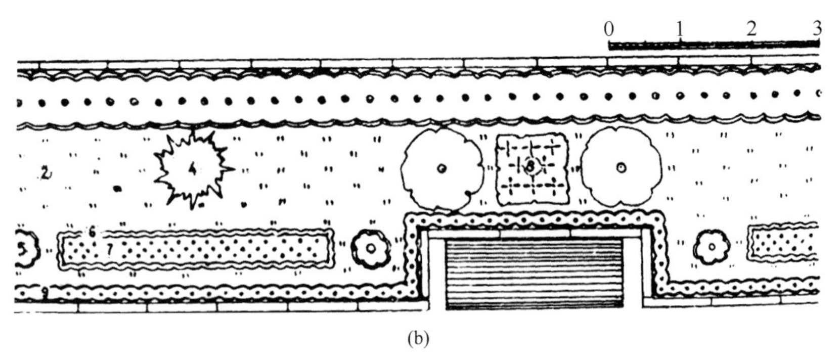

(b)

图4-3 道路绿化立面图与平面图

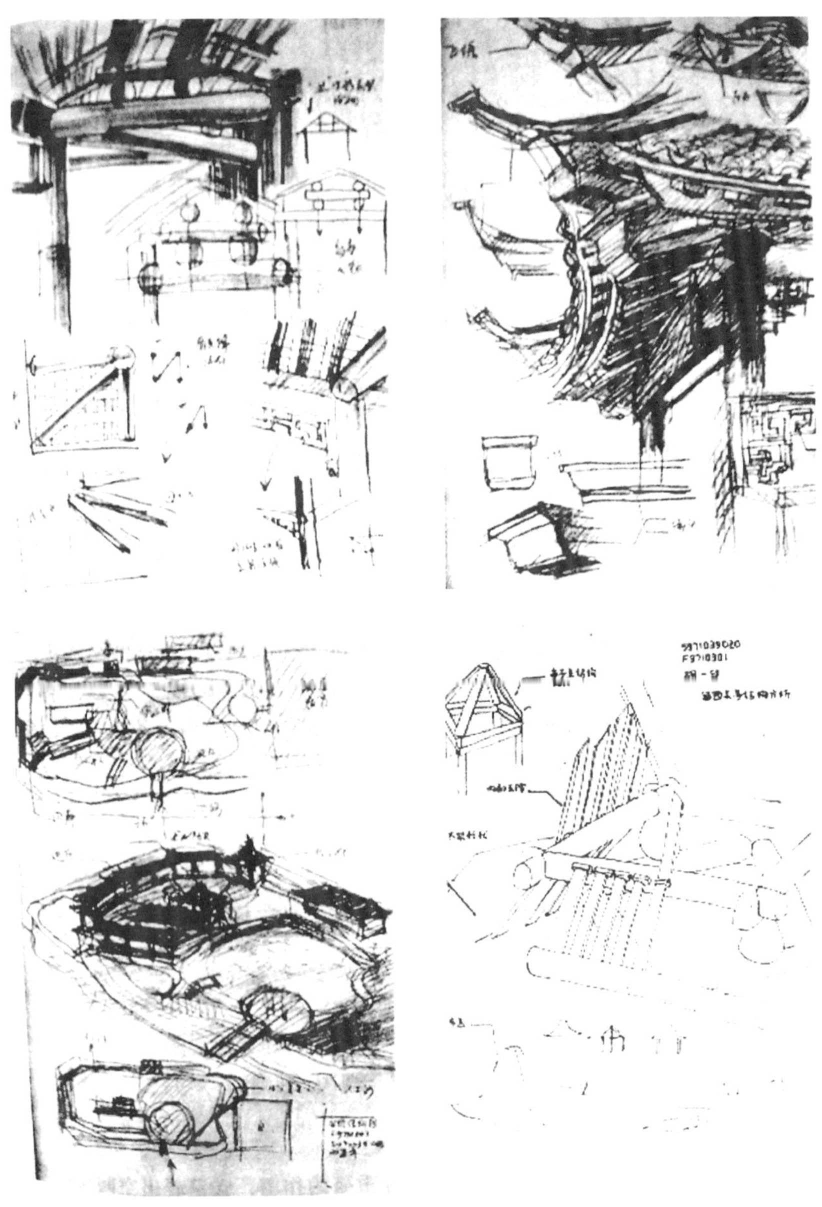

图4-4 园林建筑的视觉笔记练习（学生习作）

六、各类效果图的色彩表现

1.水彩画法

利用水彩画的方法步骤进行园林设计效果图的表达，包括平面总体规划图、总体俯瞰图、局部景观效果透视图等。一般先画出素描图稿，然后分类上色。主要表现固有色，同时注意同类色的区别和光源色的表现。

某楼盘绿化效果图见图4-5。

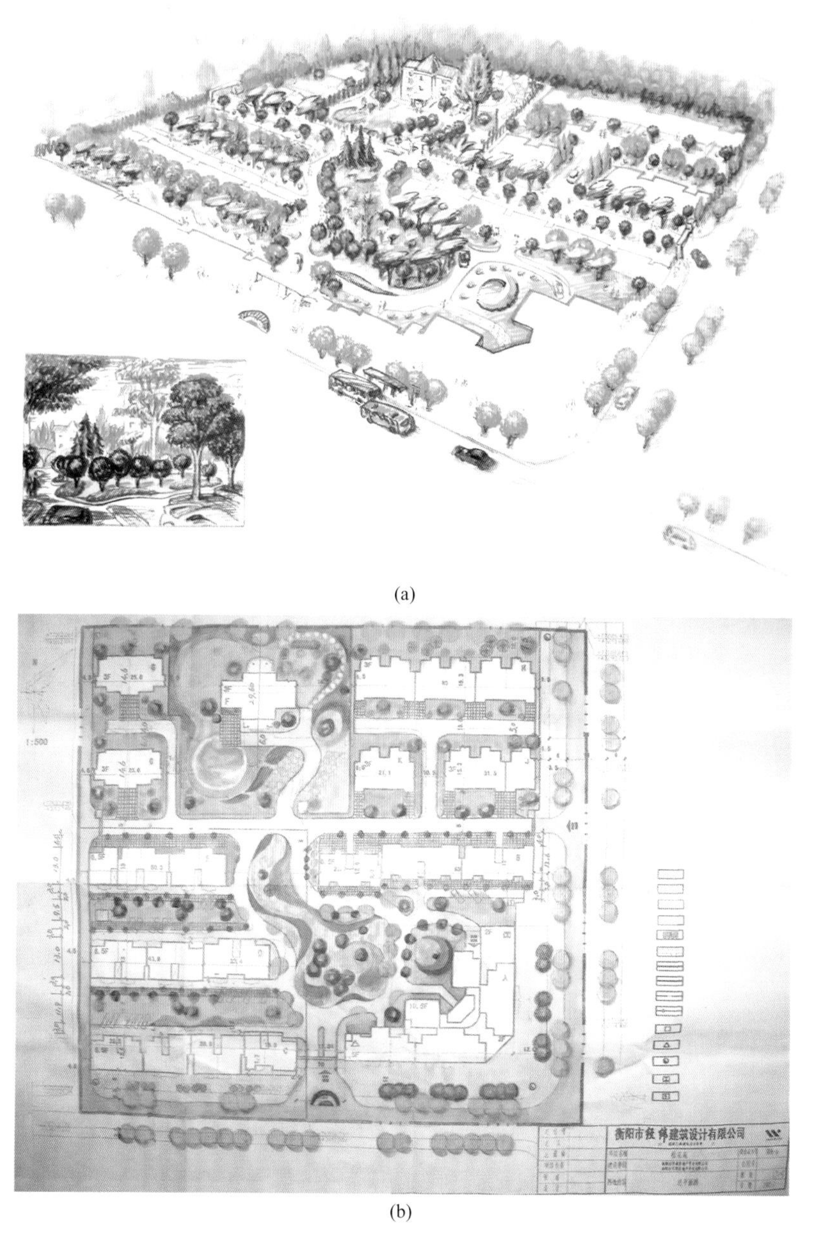

(a)

(b)

图4-5　楼盘绿化效果图（作者：范洲衡）

2.钢笔淡彩画法

钢笔起稿，再用水彩进行渲染，透明的水色衬出黑色的线条，形成一幅线条与水色互相交融的画面。基本画法有以下两种。① 先用钢笔工具进行线条描绘，画出基本形态及形体关系。简洁明快地调入一定量的色彩与水稀释，根据结构、体面、空间及色彩关系进行上色（图4-6）。② 调入一定量的色彩，先画出物体大的色彩关系，然后再用钢笔、铅笔强化形体关系。注意用色要薄，水分适当，要把握大的色调、色彩和形体关系，纸张要有一定吸水性。做到线与色有机结合，体现线条的魅力和水彩的韵味。

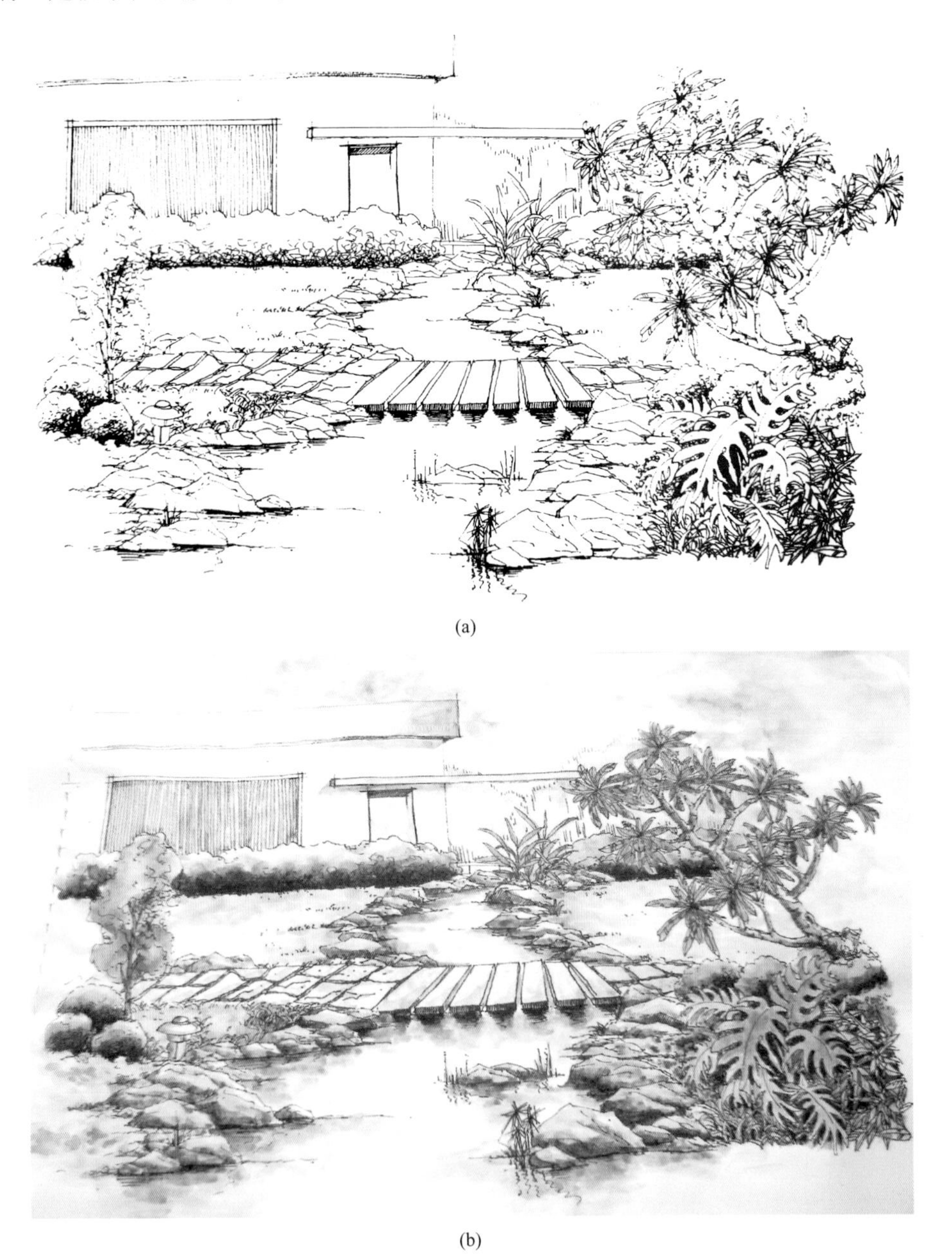

(a)

(b)

图4-6 钢笔淡彩作品

3.彩色铅笔画法

彩色铅笔是也是当今设计领域最常用、最普遍的一种着色工具。它具有携带方便、色彩丰富，笔触细腻、表现快速等特点，相对于马克笔价格比较适宜，很适合初学者使用。市场上卖的不同品牌的彩色铅笔，多数上色效果都不佳，所以在购买时要细心挑选，要选择那些色彩浓的，这样表现起来才更加充分。彩色铅笔和马克笔不同，不可以混色使用，就是说在涂好一种颜色之上不能反复涂其他颜色，必须选择好准确的颜色一次涂出想要的效果。

现在比较流行的还有水溶性彩铅。水溶性彩铅是彩色铅笔中一种，顾名思义就是这种彩铅的颜色可以被水溶解，通过水色相溶出现水彩效果，这样既保留彩铅的线条，又有水彩湿润的效果。使用时跟普通的彩色铅笔一样，画好后再用蘸水的毛笔在画好的线上涂抹，纸上的彩铅颜色会被水溶解。还可用彩铅的笔尖直接蘸水绘制，会出现不一样的效果。

彩色铅笔画图例见图4-7 ~图4-15。

(a)　(b)　(c)　(d)　(e)　(f)

图4-7

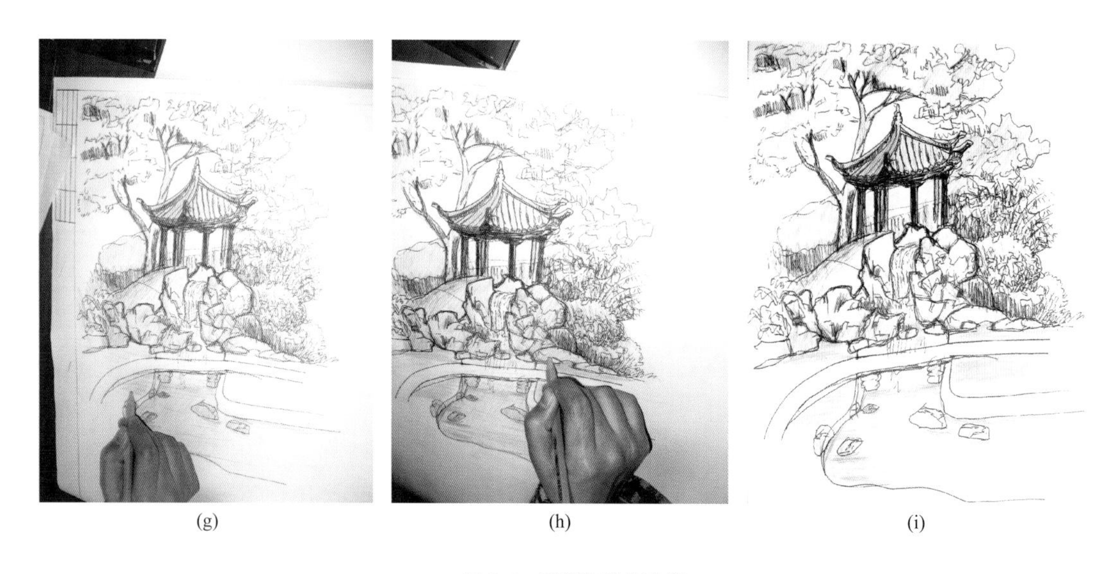

(g) (h) (i)

图4-7 彩铅画绘制步骤

图4-8 彩铅作品

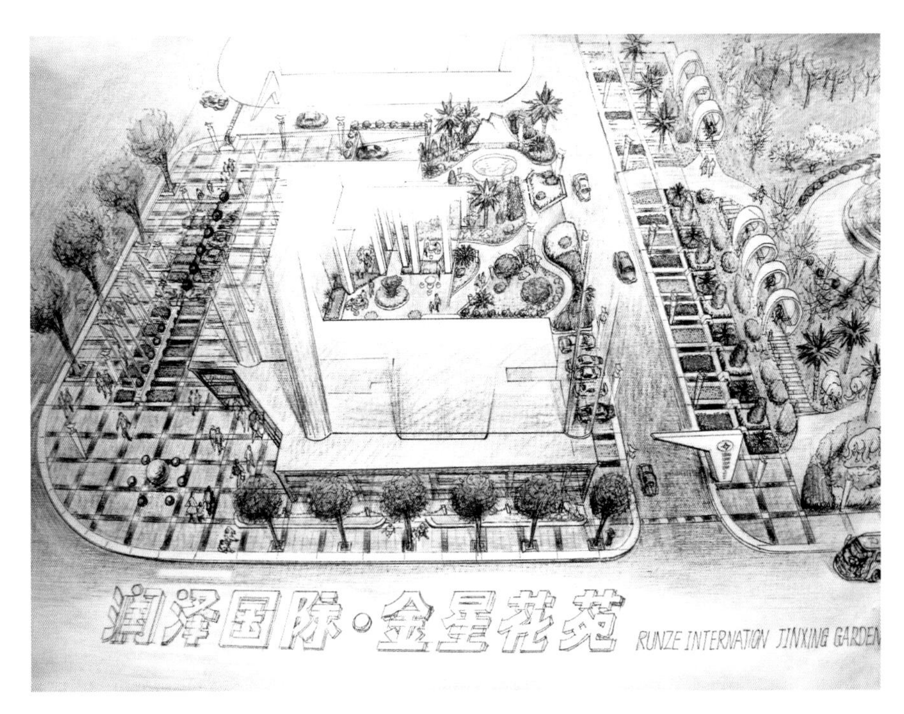

图4-9　彩铅画设计效果图（作者：范洲衡）

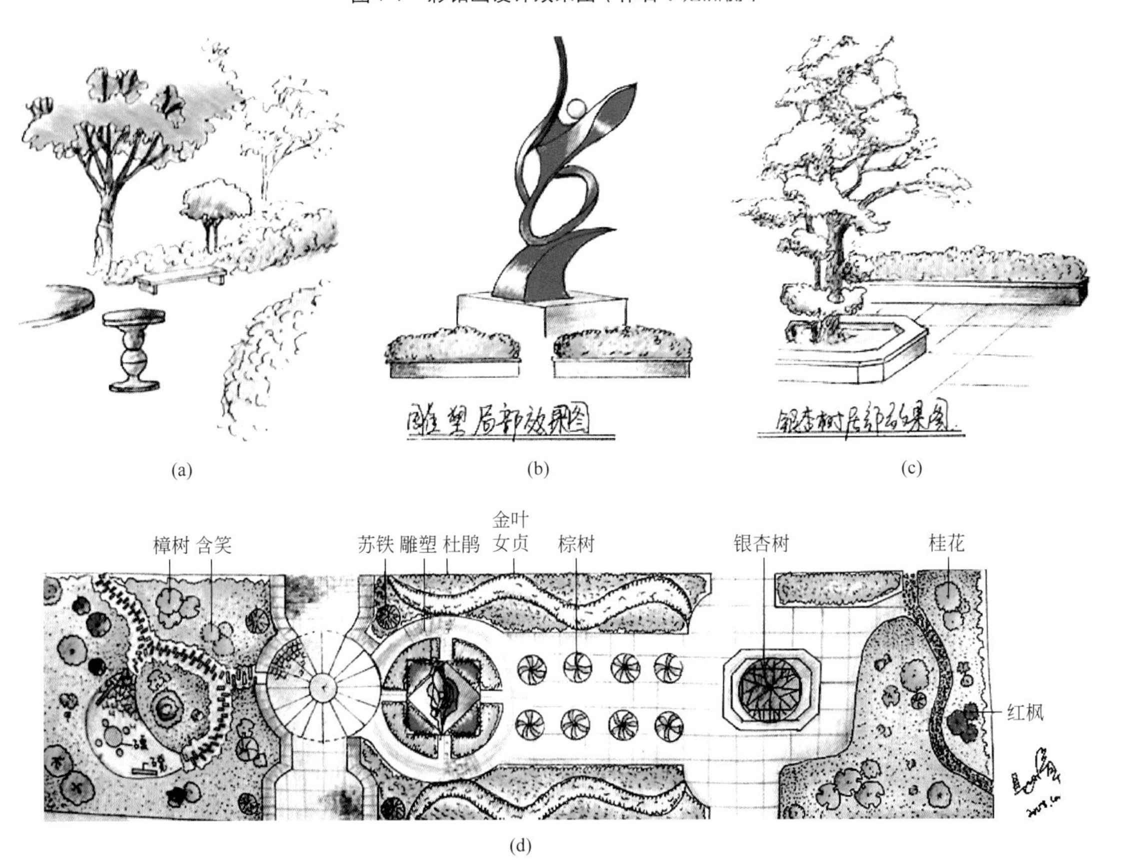

图4-10　学生作业（1）

图4-11 学生作业（2）

(a) (b)

图4-12 学生作业（3）

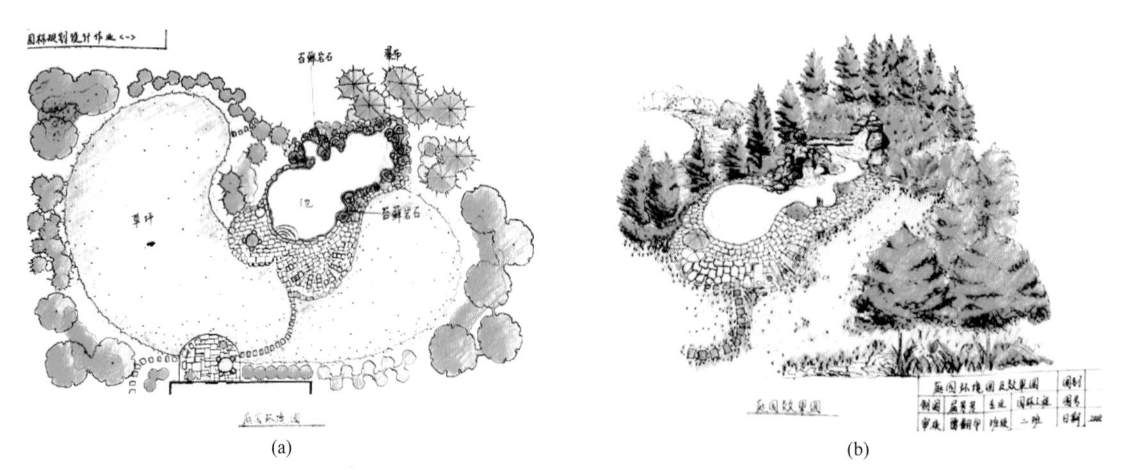

(a) (b)

图4-13 学生作业（4）

(a)

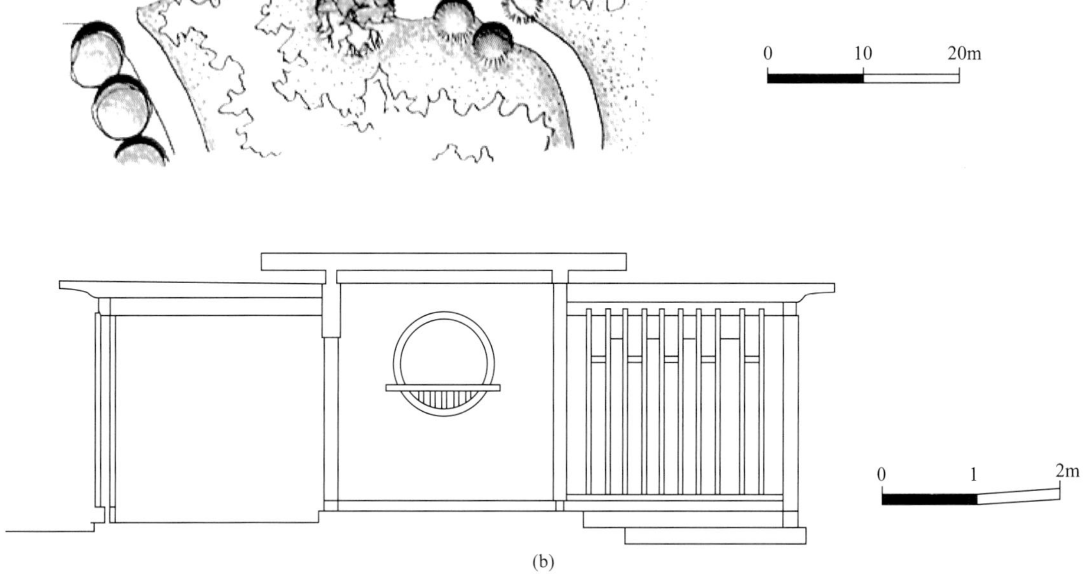

(b)

图4-14 学生作业（5）

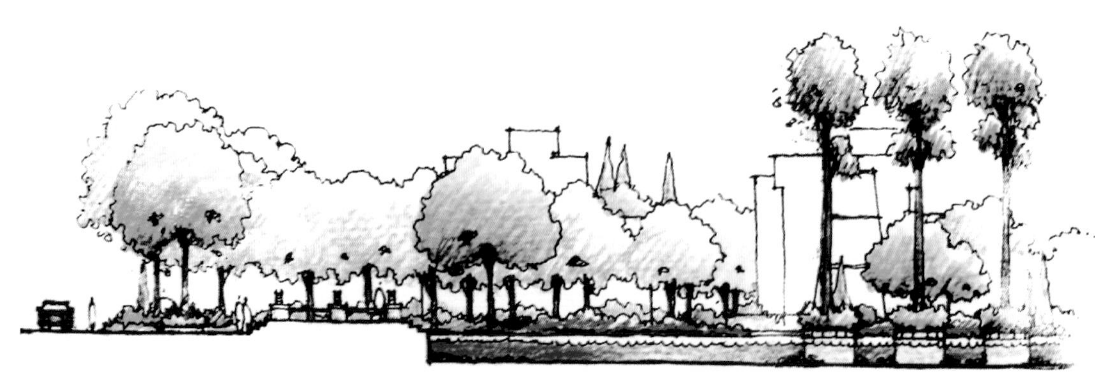

图4-15 学生作业（6）

4.马克笔画法

马克笔又叫做麦克笔，是一种适合快速表现的着色工具（图4-16）。它分为水性和油性两种，油性马克笔具有快干、防水、色彩丰富、着色方便等特点，而水性马克笔的颜色是轻盈、透明的，要注意的是水性与油性之间颜色不宜叠笔，这样会弄脏画面和笔头。马克笔对纸张的要求不是很严格，一般绘画用纸、铜版纸、绘图纸等都可以使用，不同纸质会出现不同的笔触效果，可根据实际需要进行选择。常用的一般有两种：一种是复印纸，用来起稿及画草图；另一种是硫酸纸，用来描正稿和上色，当然其他类型的纸也都可以用来上色，以达到特殊效果。由于马克笔不能像铅笔那样进行修改，所以在绘制时用笔要准确、肯定，这就要求熟练掌握表现手法，使效果图表现轻松而自然。

马克笔根据笔尖形状的不同分扁头和圆头两种，扁头正面与侧面上色宽窄不一，可按不同需要进行运笔（图4-17）。

马克笔使用过程中应注意以下事项：

① 马克笔无论水性、油性，其中的液体都很容易挥发，所以不用时应该将笔盖盖好，避免笔头干枯，无法继续使用；

② 新笔不要急于拆掉包装，否则长期不用，亦会干涸；

③ 马克笔用久之后，笔尖易起毛，可用火燎，方便有效；

④ 马克笔上色时叠笔次数越多颜色越深，用笔时要有规律，否则会使画面脏乱，影

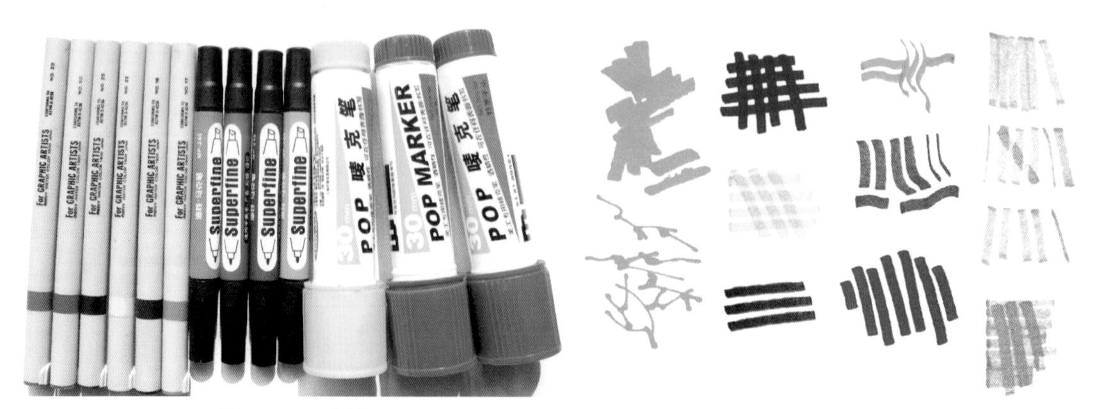

图4-16 马克笔

图4-17 运笔方向的不同会产生不同的线条

响整体效果。

除马克笔之外，还要准备勾形的黑色笔，一般可以选用一次性的针管笔。针管笔型号很多，应备的几种型号为0.1，0.3，0.5和0.9，这样粗细变化丰富，画面会更具情趣。

马克笔画图例见图4-18 ~图4-23。

(a) (b)

(c) (d)

图4-18 马克笔画（1）

(a)

图4-19

(b)

图4-19 马克笔画（2）

图4-20 学生马克笔画作品

图4-21　马克笔画（作者：张学凯）

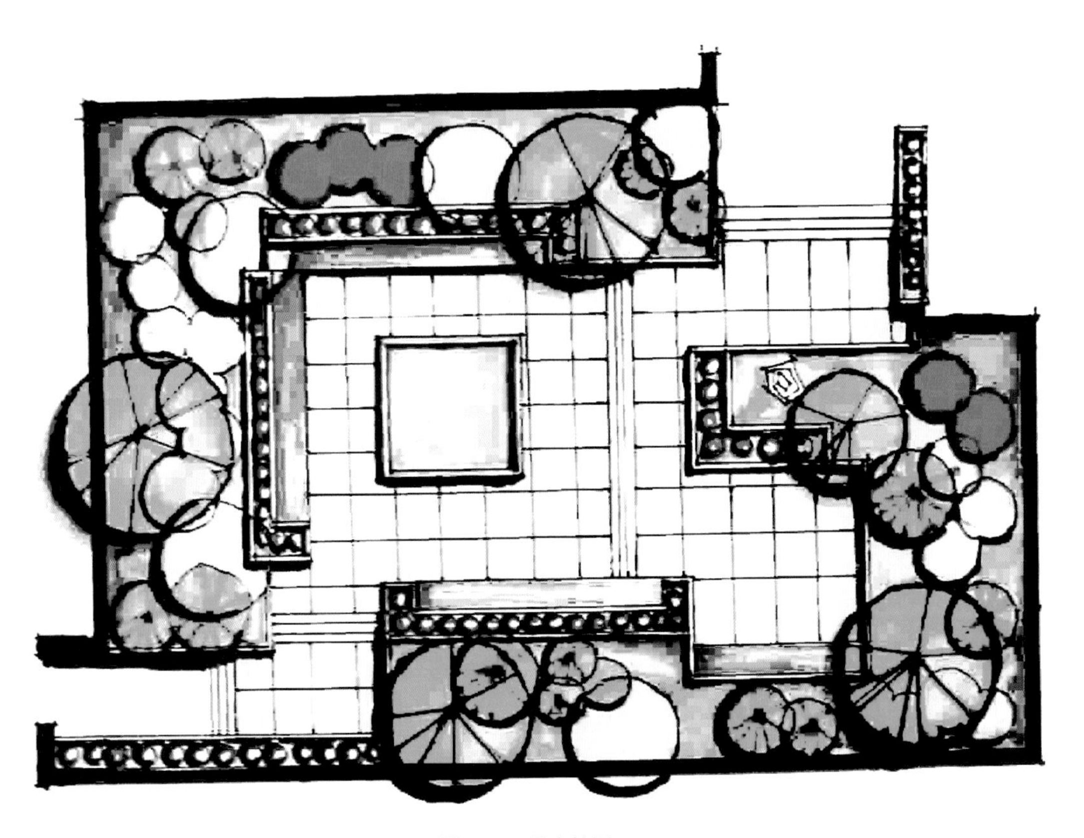

图4-22　马克笔画

(a)

(b)

图4-23 马克笔画

第二节　园林设计计算机绘图表现

一、园林绘画与计算机绘图相结合

随着计算机技术的迅速发展，软件不断完善，应用到绘画设计方面的软件层出不穷，应用在平面设计上的主要有Photoshop、Painter、OpenCanvas、ArtRage、Illustrator、Freehand、CorelDRAW，另外还有应用于建筑设计的AutoCAD、三维动画软件3ds Max、ANIMO、Open Toonz、RETAS、USAnimation等，网页动画软件有Toon Boom Studio、Harmony等。

在园林设计中，可以利用计算机这一方便快捷的工具进行效果图绘制。用三维软件可以设计公园、街景、园林中的雕塑等具有真实三维空间的效果图，还可以进行鸟瞰图的设计、平面图的设计。如大型的历史史诗电影《圆明园》的拍摄就利用了三维软件和电影的合成特效，把历史上辉煌的“圆明园”建模复制出来，其中大量使用了三维仿真动画技术。通过这些特效镜头，不但虚拟出140多年前的老北京街道，“克隆”出3000多人的英法联军，更是将当年“万园之园”中的正大光明殿的肃穆、远瀛观的壮观、方外观的精巧、方壶胜境的雍容再现于银幕之上，给人一种空前绝后的视觉享受，让人慨叹古人的旷世绝作——皇家园林，使人有身临其境的感觉。

利用建筑绘图软件CAD绘制的结构设计图稿参见图4-24 ~图4-26。

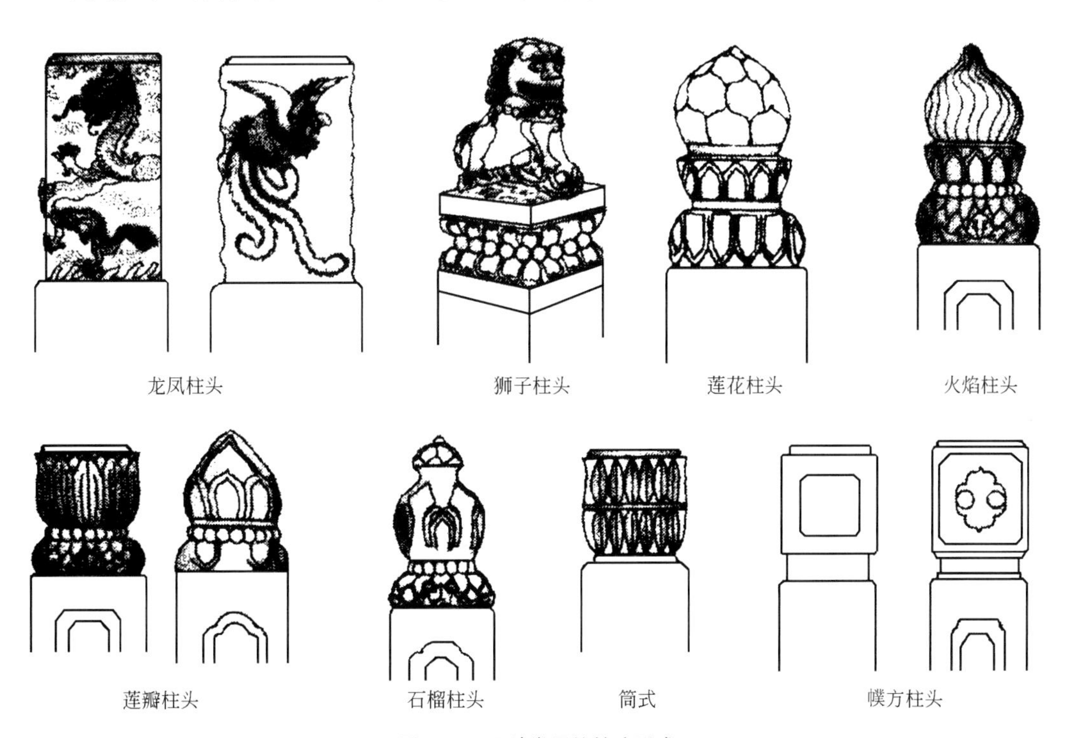

图4-24　几种常用的柱头形式

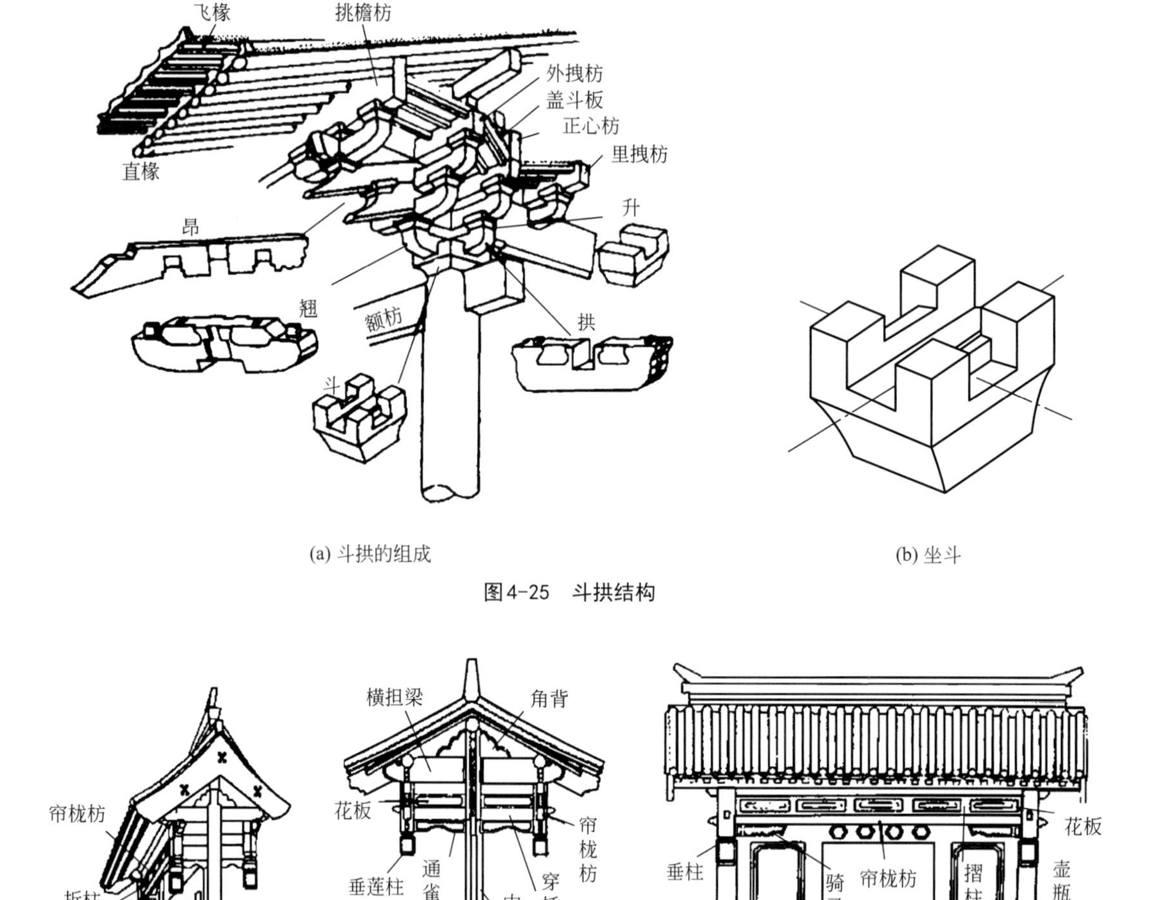

(a) 斗拱的组成　　(b) 坐斗

图4-25　斗拱结构

图4-26　垂花门

计算机绘画的种类与用途很多，如动画、漫画、插图、广告制作、网页制作、服装设计、建筑效果图、各种示意图、演示图等。计算机绘画最大的好处是颜色处理真实；其次是修改、变形、变色方便；此外，还方便复制、放大、缩小，制作速度快捷，保存持久，运输方便，画面效果奇特。这些优点在制作动画、大型广告牌时尤其重要。现在用计算机进行绘画及对此感兴趣的人越来越多。计算机绘画的一般技法如下。

① 在纸上画草稿，然后扫描录入，或用数位笔直接画。此法入门快，随意性强，易于掌握，并具有生动的艺术格调。

② 用喷笔法、点阵法绘画。这种方法一是需要很深的美术功底，二是要熟练掌握图像像素构成及色阶组成，三是手法要求细腻，四是要耐性十足。此法一般在放大中“点画”“喷绘”，缩小观察，然后再放大“点画”，对作品整体构图掌握要求较高。这类作品

可塑性很大，效果奇佳，一般什么物体都能画。但是用时较长，对画者美工技巧要求高。

③ 图像处理与拼辍法。此法一般多取光盘现成的影像素材，或在其他图片上扫描、抓取，经处理后拼辍而成一幅画面。处理速度快，创作成分小，加工不细，视觉效果和艺术价值相应较低。

④ 计算机软件制作的方法。此法要求对专业绘画软件掌握越多越好，且理解要很透，基本上应该运用自如，画功要求也高，对事物的理解也要深刻。作品立体感强，光线处理方便，修改方便；但局限性较大，并非任何艺术效果都能用计算机制作。

⑤ 综合绘画法。以上诸种方法有机结合，可做到“天衣无缝”的处理。此法要求设计师综合能力及素质强，一般要求十分熟练多种技能（图4-27、图4-28）。

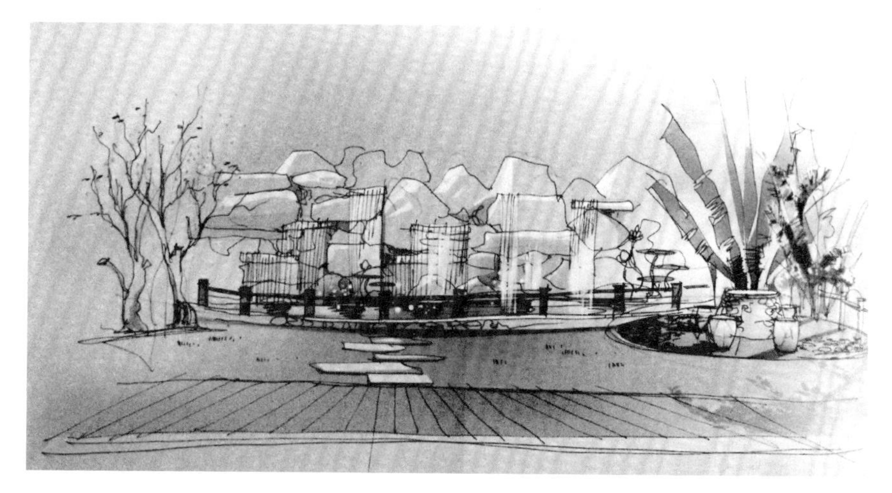

图4-27 综合画法作品（1）

图4-28 综合画法作品（2）

不论什么方法，在达到作品要求的前提下，最简捷快速的方法就是最佳选择。还有一些爱好者独创的方法，亦可普遍推广。

二、园林花坛景观中的美术字应用

花坛是在地面上按照完整或半完整的形式栽植观赏植物以表现花卉群体美的园林景观。在一定形的植床内，种植各种不同色彩的花卉，运用花卉的群体效果来表现图案纹样，以色彩华丽的纹样来表示绿化美化的装饰效果。园林中常见花坛类型多种多样，具体如下。平面花坛：花坛与地平面基本一致，或有微小坡度，便于排水和管理，可从不同角度观赏，包括斜坡花坛，花坛与地平面呈一定角度，一般根据地势位于坡地上，大多单面观赏。立体花坛：花坛向空间伸展，具有竖向景观，大多可四面观赏。高台花坛：为了分隔空间或受地形、地势限制，设置的高于地面的花台。下沉花坛：设置低于地平面，可由高处俯视整体效果，也可走近花坛细赏。

花坛按花卉材料分类，有如下种类。一、二年生草本花卉花坛：其主体花材为一、二年生草花，颜色绚丽、花型整齐、花期集中，但是观赏期相对较短，需及时更换以保持繁花似锦的效果，所以维护费用比较高，一般适用于重点区域的主题展示。宿根花卉花坛：以宿根花卉为主，优势是一次栽植，可观赏数年，管理较简便。由于其栽植位置固定，一般用于远景或非主要区域。球根花卉花坛：花色丰富鲜艳，株型整齐，具有良好的景观效果，但是大多球根花卉花期较短，花后休眠，需更换或配植其他植物来保持景观，投资费用较大，适用于重点区域的坡地或有一定地形的区域。混合花坛：由多种草本和木本观赏植物组成的花坛，色彩丰富，景观壮丽，观赏期较长，必须有较高的设计、种植、管理水平。

花坛按艺术形式和主题内容来划分，有如下种类。模纹花坛：由低矮的观叶植物或花叶兼美的植物组成，表现出精美的图案或文字主景的花坛（图4-29）。其主题明确，景点

图4-29 模纹花坛

独立，常构成景观的中心花坛，多用在广场、建筑物前、交叉路口处，大多为大型立体花坛。衬景花坛：作为背景，起衬托和点缀作用的花坛，大多用在雕塑、宣传牌、建筑等前面或周围。造型花坛：以植物材料为主，根据主题塑造出各种形态，有人物和动物造型，也包括花堆、花台及文字花坛。主题花坛：利用不同植物形态各异、色彩丰富的特点，塑造出突出主题思想的综合景观。标记花坛：利用花卉组成各种徽章、图案或字体陪衬主体，起到宣传、标志或纪念的作用。基础花坛：为掩饰建筑物、小品以及植物基部，在其周围布置花堆或花带，使之与地面衔接处更加协调自然。

以花坛之间的关系分类，有如下种类。独立花坛：即单体花坛独立设置，一般作为广场、建筑物前庭、交叉路口等特定环境的中心景观。连续花坛：同一环境中设置多个小花坛，大多形状相同，也可轮廓发生变化，但要遵循统一的规律，常设置在道路两侧或广场周边，产生连续的花坛景观效果。花坛群：由相同或不同形式的多个单体花坛组成，在构图或景观上具有统一性，多设置在面积较大的区域，构成一个气势磅礴的地景关系。

第三节 园林风景摄影表现

园林风景的风就是大气，由太阳的照射产生了光与热条件下的水气变化，人们日常所见的云、雾、雨、霜、雪、雹都是从水变化而来的，而且反复循环，年复一年，日复一日，景象万千；景就是大地的基本构造，有山与石、花与草、树与林、房屋与道路、河流与桥梁、车水马龙等。风景是大自然的一切，美丽风光无处不在，园林景观日新月异，只要人们用心去感受、去追求，就能发现和创造更多更美的景色。园林摄影一方面宣传了园林之美，同时也为园林艺术创作提供了丰富的形象素材支持，是每一个园林工作者学习、研究园林之美的手段之一。

一、园林风景摄影的准备

① 照相机：随着照相机制造技术的进步，目前大都使用数码相机来拍摄风景。风景摄影注重传真与传神，使用高像素的相机来拍摄风景是很有其必要的。相机的选择，可根据自身的用途来决定，应无绝对的局限。像素愈大，在放大或印刷时效果愈好。另外，也有一些特殊用途的相机，如拍360° 的旋转机、140° 的摇头机及100° 的全景机，均可用于风景摄影。这些相机可拍出比正常视野更广阔的角度，显现出极特殊的效果。

② 镜头：风景摄影的镜头并无特别，一般的镜头都可以。从超广角镜头到超望远镜头，只要适当表现，均可使用，但是常用的大都在标准镜头上下。以35mm单反相机为例，24 ~ 105mm的镜头最常用，是拍摄风景的基本装备。21mm以下的超广角或鱼眼镜头，因拍摄角度特宽，前景突出，颇具夸张的效果，不过远景部分往往变得太小而无法辨认。200mm以上的超望远镜头，则可拍摄较远的景物，且具有远近物体压缩的描写效果，但是清晰度与颜色多少会受到影响，以致减少了质感的表现。所以风景摄影，除非特殊的表现需要，通常极少使用超广角或超望远镜头拍摄。

③ 三脚架：风景摄影要讲究照片的品质，一定要注意照片的影像是否清晰，景物前后如何处理。为了控制景深，往往都用小光圈、慢速度。相机如果震动，照片会呈现模糊的现象。所以三脚架对风景摄影而言是必要的工具，有了三脚架才能使照片有精密的质感描写。三脚架愈大愈稳，在体力所能负荷的范围内，宜尽量选择较大型的。

④ 控制景深：风景摄影的景物在画面上应力求清楚，就像肉眼所见，才能予人真实感。要达到前后景物都清楚，首先得控制景深。所以适当地调整摄距，使用小光圈，使拍摄的景物在景深范围内，这是照片品质控制的关键。

⑤ 稳定相机：使用三脚架是稳定相机、避免相机震动最好的方法；而且不要用手指直接去按快门，应使用快门线或相机上的自拍器。另外，使用单反式相机拍照时应先锁上反光镜子，以减去镜子反弹时的震动，震动带来的害处在放大照片时最容易看出来。

⑥ 构图方法：摄影构图就是运用形式美的构成规律。构图在风景摄影中没有统一不变的方法。商品广告摄影构图，可任意摆设，绘画构图可以自由加减，但风景摄影只能在有限的条件下，确定主题，选择角度，捕捉机会。构图考虑的步骤，一是取景，二是剪裁。构图的作用主要在于让摄影者利用画面的安排来引导视线，强调主题，使意境显现（图4-30）。

图4-30 摄影作品

⑦ 采光：光与影的效果在风景摄影中是相当重要的。景物立体的表现、气氛的渲染，光与影是决定的要素。所以采光的时候，使用侧光或逆光，比顺光的效果来得有力量、有分量，意境深远。

⑧ 偏光镜：偏光镜能阻挡偏光，它的功能可以使蓝天加深，透视增加，减少雾气的影响，消除物体上的反光，保持物体原有的色彩。使用的时候要注意拍摄的角度，还有

偏光镜旋转的角度。一般来说，拍摄太阳光源照射方向的90° 位置，换言之即太阳是由东向西移动，所以使用偏光镜拍摄南北方向的景物最为理想；顺光或逆光拍摄时偏光镜均不发生作用。偏光镜也会减少进入镜头的光量，使用非透视镜头测光或非自动相机拍照时，应增加$1\frac{1}{3}$级到2级的曝光，增加的曝光量则视拍摄的主体来决定。

⑨ 滤镜：日光片在色温5600K的太阳光下颜色最平衡，阴天或太阳不直接照射到的地方色温较高，照片的画面上会带有蓝绿的现象，除非故意要这种冷调的效果，否则就要设法使其恢复到与人们视觉相同的颜色上来。最简便的方法莫过于用暖调滤镜来降低色温，在小阴天还很明亮的时候用81A等较浅的暖调滤镜，大阴天较暗的情况下用81B等较深的暖调滤镜，曝光也要稍微增加。

⑩ 技术固然重要，但是没有心理上的磨炼，往往半途而废。因为风景摄影不仅费时而且费心，因而必须做到以下几点。

清心——喜爱大自然，完全投入自然中，意识上会变得单纯自由，没有杂念，观察力与思考力也会特别敏锐。但外出拍照时，一定要在安全范围内才能一个人单独行动。虽然有时不免有孤独的空虚感，但同时也是在享受全心工作带来的快乐。从清心到静心，再由静心到得心，是心理准备的基础。

悟心——持续不断地观察，深入地认识大自然，仔细地了解万物，心灵上的感受自然而生。景物的适当选择，加上对大气变化的预测，而凝成一种灵感，这个灵感就是悟心。有了这个悟心，摄影者的感受就容易表现在作品中，也就是说，悟心产生了作品的前像。

耐心——对大自然的变化，个人没有主宰的能力，要拍一张好的作品，得寻找适当的主题，选择最好的角度，然后等待机会按下快门。所以有了天时与地利，更重要的就是心平气和，要有耐心。

二、园林风景摄影的特点

① 题材广。园林风景摄影的题材十分广泛。风景名胜的瑰丽景色、城市园林的蓬勃景象、农村园林的诱人风光、私家园林的崭新面貌、庭院园林的温馨浪漫等，为园林风景摄影提供了取之不尽的丰富素材。

② 意境深。园林风景擅长以景抒情，它通过对自然与人工相结合的生动描绘，来表达或寄托人的思想感情。园林风景的意境引人入胜。一个有经验的摄影者，总是善于寻找自然景色中最富有诗情画意的形象，并用摄影艺术技巧把它们表现在画面上。因此，一幅好的风景照片并不只是单纯地表现自然外貌，也不仅是单纯地追求形式上的美和色彩上的鲜艳，而应具有深刻的主题。

③ 画面美。园林是自然美与艺术美的结晶。自然界的景象变化极为丰富，使得园林风景美不胜收。园林景观本身就是人们已经发现了的、创造好了的景观，只要人们及时分析、择时猎取就行了。

三、园林风景摄影的要求

① 主题鲜明。在拍摄园林风景照片之前，一定要有明确的拍摄意图，对照片的主题和表现内容要心中有数。根据这一要求，在拍摄风景照片时，要大胆取舍，把不必要的、杂乱的景物从画面上移开，使主体在位置远近、形体大小、色调对比上都能处于主要地位，使画面集中，生动而完美（图4-31）。

② 抓住特点。园林风景照片要反映不同的地方特色，这可使照片的表现力大大增强。在拍摄自然园林风光、城市园林风光、农村园林风光时，除了要注意反映地区特色，还要注意时代的特色，要拍摄那些最能反映时代本质的画面。

③ 突出重点。拍摄表现我国园林界新事物、新面貌的画面，是风景摄影的主要任务，也是拍摄的重点内容。风花雪月、小桥流水等小景，固然可以调节人们的精神文化生活，但不能把它作为重点来表现。

④ 空间表现。拍摄景物，取景要有深度，层次要分明，这样才能增加表现力。利用逆光可以加强空气透视，并从色调上分清前后景的距离。利用滤色镜，也可加强或减弱透视感。早晨或傍晚拍摄风光，可以利用云雾，使景物具有远淡近浓的透视效果，以增加空间感。因为云雾能反射阳光，远处雾浓，散射光线强，景物色彩就淡；近处雾薄，散射光线弱，景物色彩就浓。

图4-31 风景摄影

⑤ 时间表现。拍摄风景要突出拍摄的时辰。清早，远景处于浓雾的笼罩中，显得朦朦胧胧。这时太阳从东方出来，透过晨雾散射出光芒，能给人以清新悦目、奋发向上的感觉。傍晚，火红的夕阳散发出绚丽的霞光，给周围的景物披上浓妆，配上适当的滤色

镜拍摄，画面的气氛更加浓烈，富有感染力。拍摄城市园林风景，可以利用夜晚的灯光，渲染夜间活动的气氛。

⑥ 天气表现。为增强艺术效果，拍摄园林风景往往很注意天气的表现。拍摄雨景、雾景，由于雨水、雾水的反射作用，光线会产生变化，有时能获得很好的效果。如果在阳光下拍摄时，前后景物容易叠在一起，不易分辨，有时利用滤色镜作用也不大。但是，在雨天、雾天拍摄，照片的效果就大不一样。蒙蒙细雨的反射，能把景物、灯光映成倒影，使画面非常优美。雪景的效果也很别致。下雪时，光线昏暗，这时拍摄雪景难以表现；当阳光出来直射地面积雪时，会出现雪面光亮而景物鲜明的景象，这时如果加用黄滤色镜，用逆光拍摄，雪地的影调层次就能显得丰富，雪的质感也比较强。雪面反射光线的能力强，拍摄时要戴遮光罩，以免反射光线进入镜头。逆光拍摄的曝光时间应按景物的阴暗部分计算。云彩对于风景照片具有点缀装饰、丰富内容、调整画面构图的作用。常见的云彩有浮云、朵云、片云、条云、鱼鳞云、云海等，应该根据季节特点和照片内容来选择。拍摄时，加用浅黄、中黄滤色镜，可以增加云彩的效果。

⑦ 焦点调节。风景照片切忌前景模糊，它会使人产生不快的感觉。因此应该对准主要被摄物调节焦点，使前景越清楚越好。如果使用小型照相机，加上广角镜头，几乎在任何情况下，都能保证拍摄风景的清晰度。但这样的清晰度对照片的整个深度表现并无好处，因为照片的意境减弱了，风景一目了然，没有趣味。为确保风景照片的意境，景物清晰度的范围不宜放得太大。应该把画面的最大清晰度用在主要被摄体和前景上，而使所有远处的物体稍微散焦。这样，画面的层次丰富、主次分明、意境较深。

⑧ 曝光的控制。风景照片的曝光应以主要被摄物为准，它要求获得准确的曝光。同时，风景阴影部分也必须保证必要的曝光量。因此，根据被摄主体确定的曝光量常常需要稍稍增加，以便表现出阴影部分的细节。一般地说，以夕阳做背景的剪影照片，要根据景物光亮部分进行曝光。而对于深邃幽暗的森林景色，或者被逆光照明的风景，则应该根据景物的阴影部分曝光，而且最好能使用宽容度较大的感光片。拍摄有动体出现的风景，曝光时间要短，特别是动体们处于前景的时候。而拍摄瀑布、喷泉以及浪花风景时，曝光时间不宜太短，否则会把水拍成像凝结了的一样，失去动势，一般以1/10 ~ 1/50秒为好。拍摄焰火的景象，快门速度也不宜短，必须以秒计曝光时间，使画面上能看到焰火行程的全部痕迹。拍时，需将照相机架在三脚架上。风景中的天空、海洋、湖泊或雪景在画面上占很大面积，曝光时间必须减短。另外，使用滤色镜时，要考虑到它的倍数，适当增加曝光量。

思考与练习

1.利用各种绘图工具熟练掌握效果图的练习方法。

2.利用自己在某景区拍的摄影作品进行效果图创作。

第五章

中国山水花鸟画技法

技能目标与教学要求

通过学习山水画和花鸟画的基本知识技能，进一步认识园林美术传统文化内涵的具体表现特征，学会中国画笔墨理论与技法的基本应用，更好地为园林艺术学习与实际工作打下坚实而宽广的专业基础。

第一节 中国画园林应用概述

中国画的特点在于笔墨意境。用笔要意在笔先，以意使笔才能因意成象，笔自动人之处在于有意趣。笔要有力度，古人称笔“力透纸背”“骨法用笔”“力能扛鼎”，就是强调用笔的功力，所以用笔要全神贯注、凝神静气、以意领气、以气导力，气力由心而腰，由腰而臂，由臂而腕，由腕而指，由指而笔端纸上，于是产生了具有节奏和韵律、奇趣横生的用笔。运笔有中锋、侧锋、逆锋、拖笔、散锋等区别，以中锋用笔最重要，它是笔法的骨。墨在中国画中就是黑色。中国画古代有墨分五彩之说，即黑、白、浓、淡、干、湿六种效果。墨的方法是为了体现绘画的丰富变化，“笔为骨，墨为肉”。所以墨法可以说是一种用水的方法。根据水的多少，分为焦、浓、重、淡、清五个变化阶梯。因为墨有新、旧、陈、变，又把墨质分为新、焦、宿、退、埃五种质。由于墨色的不同处理，产生了不同的墨的变化形象，可分为枯、干、润、湿、漓五种感觉。在笔墨中，笔法更强调内力，而墨讲求“活”和“变”。中国画多注重水墨的效果，用色一般比较少，有“色不碍墨，墨不碍色”的要求。用色方法有以水墨为主，不着色或少着色的水墨法；有称为轻着色，多以花青、藤黄、赭石为主的浅绛色，这两种方法多用于写意画；再就是称为大着色的重彩法，多用在工笔画上，多用石青、石绿、朱砂、金银等矿物色，一般要多次涂染，厚重而又鲜艳。

中国画常见的一些构图规律如下。

① 在中国画中，主体只有一个，其他的是陪衬的次要的宾体，起着辅助、从属于主体的作用。主和宾是相互依存、浑然一体的，只有构图中“宾主分明”，画面才能主体分明，才能不至于“喧宾夺主”。

②“起”“承”“转”“合”是一幅中国画的几个关键的相关联的环节。所谓“起”，是主体展开气势和方向。“承”是按主势和起势，增加变化，充实、丰富层次，因势利导的运动过程。“转”是借势逆转，以增加变化和趣味，是指打破主势，增加矛盾、改变方向的部分。“合”，是复归于主势，总结全局，气势复归，以达到相接相承、相呼应的统一完善的结局。一幅绘画中有多个开合、承接、转折。

③ 在中国画中有“阴阳相生”“虚实相生”之论法。它是一对矛盾，有虚则实存，有实则虚生，这样才能达到“生动自然”。“实”可以指在画面上的突出的实实在在的主体，“虚”往往指处于次要的、远的、淡的、衬托的物象。古人有“知白守黑”“以虚衬实”的说法。在中国画中尤其重视“虚白”的地方，“虚中有实，实中有虚”，它往往是画中关键的地方。观者往往从实处着眼，虚处留意，方能产生联想和想象，达到意外之意、画外之画的“虚境”。

④ 中国画有“疏可跑马，密不通风”的说法，要求有大疏大密的对比关系。这里包括有疏与密、聚与散、动与静、明与暗种种对比。要求通过对比产生一种运动感、节奏感和韵律感，在布局中使画面更加富有变化。

⑤ 古人将构图称为“置阵布势”。一幅中国画作品必须有一种气势和力量，具有一种

生机勃勃的生命力和一往无前、势不可挡的气势。

中国画是融诗文、书法、篆刻、绘画于一体的综合性艺术，这是中国画独特的艺术传统。中国画上题写的诗文与书法，不仅有助于补充和深化绘画的意境，同时也丰富了画面的艺术表现形式，是画家借以表达感情、抒发个性、增强绘画艺术感染力的重要手段之一。

临摹是学习的捷径，应选择最好的作品，首先通过读书了解文化内容、风格、流派、技法等背景，然后再临摹作品。临摹有对临，即完整地照原本临摹名家作品，务求忠实于原作；再是意临，要求有自己的理解，以达到全面掌握；背临则是在对形神都掌握的基础上记忆性地临摹。宋代范中立所说的“师古人不如师造化”就指出了以自然为师的重要性。南北朝谢赫在其“六法”中，就把“应物象形”作为一法，所以传统中国画一直很重视写生。写生的方法是多种多样的，它体现了画家对自然对象的理解和把握。因为写生是为了创作，所以写生是有选择性的。有时需要写生整体的形象，有时也要写生局部的物象。写生也有熟悉事物，进一步了解事物的意义。有时可以写生一枝一叶，有时则需要表现完整的对象，有时可以进行艺术加工，大胆地剪裁，这是中国画写生的特点。写生要有丰富的想象力，大胆夸张，大胆取舍。中国画的写生不同于西方，西方更加注重对象的透视、色彩、结构等，而中国画则可以根据需要只选择某一个部分，甚至可以改造、变化、嫁接，可以把不同地点、时间、物象的内容加工在一幅作品上去。中国画还有一种常用的方法叫默写法，“目识心记”，是为了培养画家的记忆力和艺术表现力，要求画家能够抓住重点、突出精神，其实在中国画的写生过程中已经有创作的成分了。中国画家以“造化为师”，创作过程就是表现心意的过程，是主观与客观的统一，最终创作出典型的艺术形象，表达出对象的形神。艺术创作是多种多样的，通过运用艺术的构思、构图、夸张、取舍、笔墨等方法，可以塑造出源于生活又高于生活的艺术，最终达到艺术的最高境界。中国画与中国传统美学相适应，以写生为基础，以寓兴、写意为归依，注重“夺造化而移精神遐想”。

中国画的工具、材料如下。

（1）笔　毛笔以其笔锋的长短可分为长锋笔、中锋笔和短锋笔，以材质分为羊毫笔、狼毫笔，弹性各异。长锋容易画出婀娜多姿的线条，短锋落纸凝重厚实，中锋、短锋则兼而有之，画山水以用中锋为宜。根据笔锋大小的不同，毛笔又分为小、中、大等型号。画山水各种型号的笔都要准备，一般“小山水”小狼毫、“大山水”大狼毫各备一支，羊毫笔“小白云”“大白云”各备一支，再有一支更大的羊毫“斗笔”就可以了。新笔笔锋多尖锐，只适于画细线，皴、擦、点、擢用旧笔效果更好。有的画家喜欢用秃笔作画，所画的点、线别有苍劲朴拙之美。花鸟画除了用以上的笔外，还有专门的勾线笔系列。

（2）墨　常用的制墨原料有油烟、松烟两种，制成的墨称油烟墨和松烟墨。油烟墨为桐油烟制成，墨色黑而有光泽，能显出墨色浓淡的细致变化，宜画山水画；松烟墨黑而无光，多用于翎毛及人物的毛发，山水画不宜用。挑选墨首先看其色，墨色发紫光的最好，黑色次之，青色又次之，呈灰色的劣墨不能用。然后听其音，好墨叩击时其声音清响，研磨时声音细腻；劣质的墨声音重滞，研磨时有粗糙响声。磨墨要用清水，用力均匀，按顺时针方向旋转慢磨，直到墨汁稠浓为止。作画用墨要新鲜现磨，存放过久的墨称为宿墨，宿墨中有浓缩后的渣滓，用不好脏污画面。现在北京、天津等地生产的书画墨汁（如“一得阁”）使用方便，已为许多书画家所用。但墨汁中胶重，最好略加清水，再用墨锭研匀使用，墨色更佳。

（3）纸　中国画在唐宋时代多用绢，到了元代以后才大量使用纸作画。中国画用的纸与其他画种不同，它是青檀树作主要原料制作的宣纸。宣纸产于安徽泾县，古属宣州，故称宣纸。宣纸又分为生宣、熟宣和半生熟宣。熟宣纸是用矾水加工过的，水墨不易渗透，遇水不化开，与其他纸张的效果不一样，可作整体细致的描绘，可反复渲染上色，适于画工笔。生宣纸是没有经过矾水加工的，特点是吸水性和渗水性强，遇水即化开，易产生丰富的墨韵变化，能收到水晕墨章、浑厚华滋的艺术效果，多用于写意画。熟宣用画容易掌握，但也容易产生光滑板滞的问题；生宣作画虽多墨趣，但渗透迅速，不易掌握，故画山水一般喜欢用半生半熟宣纸。半生半熟宣纸遇水慢慢化开，既有墨韵变化，又不过分渗透，皴、擦、点、染都易掌握，可以表现丰富的笔情墨趣。可以代替宣纸作画的纸还有东北的高丽纸、四川的夹江宣纸、江西的六吉纸等，其性能接近于半生半熟的宣纸。

（4）砚　我国最有名的砚是歙砚和端砚。歙砚产于安徽歙县，端砚产于广东高要县。一般书画选择各地产的砚台可以了。选择砚台主要择其石料质地细腻、湿润、易于发墨、不吸水。砚台使用后要及时清洗干净，保持清洁，切忌曝晒、火烤。砚的优劣对墨色有很大的影响，最理想的是广东肇庆出产的端溪砚，或安徽的砚，都是石坚致细润，发墨快，墨也磨得细，且能储墨甚久不易干，但良质的砚价格昂贵。螺溪石砚品质亦佳。不宜选购树脂加石粉灌出来的塑胶品。选择砚台虽然以石质细润为佳，但过于光滑（如台湾大理石砚）也不容易发墨。砚台的形状也有多种款式，以墨海一型最便利，储墨多，使用后可盖上盖子，以免墨水干涸。经过一段时间后，残墨积得太多，应先用水浸泡，再洗除墨垢，保持砚台清洁。

（5）颜料　我国的绘画发展到唐代，以重彩设色为主流；自从宋代水墨画盛行以来，在文人淡雅的趋势下，色彩的运用有逐渐衰退的倾向。习画者应该对传统的绘画颜料有所认识，多面性地发展，使色彩与水墨作更佳的结合。传统的颜料有两大类。矿物性颜料，从矿石中磨炼出，色彩厚重，覆盖性强，常用的有：① 石绿，使用时须兑胶，石绿根据细度可分为头绿、二绿、三绿、四绿等，头绿最粗最绿，依次渐细渐淡；② 石青，性能与用法大致与石绿相同，石青也分头青、二青、三青、四青等几种，头青颗粒粗，较难染匀，应多染几次才好；③ 朱京，以色彩鲜明呈朱红色者较佳，也有制成墨状的，朱京不宜调石青、石绿使用；④ 朱磦，是将朱京研细，兑入清胶水中，浮在上面呈橙色的部分；⑤ 赭石，目前赭石大多精制成水溶性的胶块状，无覆盖性；⑥ 白粉，白垩（白土粉）在古代壁画中常用，亦历久不变色。植物性颜料，透明色薄，没有覆盖性能。常用的植物性颜料有：① 花青，用途相当广，可调藤黄呈草绿或嫩绿色；② 藤黄，有毒，不可入口；③ 胭脂，以胭脂作画，年代久则有褪色的现象，目前多以西洋红取代。

（6）其他工具　除了上述的笔、墨、纸、砚、颜料之外，尚需准备的相关用具如下。

① 调色（储色）工具：以白色的瓷器制品较佳，调色或调墨应准备小碟子数个，调色以梅花盘及层碟较理想，不同的颜料应该分开储放。

② 储水盂：盛水作洗笔或供应清水之用，亦以白色瓷器制品较佳。

③ 薄毯：衬在画桌上，可以防止墨渗透将画沾污；铺纸后，纸面也不易被笔擦坏。

④ 胶和矾：上石青、石绿、朱砂等重色时，为防止颜色脱落，可用胶矾水罩上。矾有粉末状和块状，胶则有瓶装的液状鹿胶与条状或块状的牛胶、鱼胶、鹿胶等。最好备置一套烧杯和酒精灯，以便融胶和调兑清水。

⑤ 此外，挂笔的笔架、压纸的纸镇、裁纸的裁刀、起稿的炭条、吸水的棉质废布（或废纸），以及印泥、印章等皆可酌情备置。

第二节　中国山水画技法

一、山石、云水画法

1. 山石画法

画山石是用勾、勒、皴、擦、点、染、烘等骨法笔墨逐步表现每一块山石轮廓结构、质感特征、凹凸关系。以中锋、侧锋、拖锋轻重快慢地勾勒山石结构线条；以逆锋、散锋进行疏密有致的皴、擦、点、染，画出质感肌理；以笔墨的干湿浓淡表现出明暗凹凸。

(a)

(b)

(c)

(d)

(e)

图5-1 山石画法

这些山石缩小了可为盆景石的特点，放大了就是山水画的结构部分，亦是制作园林假山的质感参照。

图5-1表现了不同山石形态结构的点、线、面变化。注意用笔“宁方毋圆”才有力度；用墨“宁干毋湿”才有质感；保留“枯笔飞白”才有光感。

2.云水画法

用“行云流水”般的笔墨线条，黑、白、浓、淡、干、湿六种效果，进行勾、勒、皴、擦、点、染，烘托出自然界云水的动静变化关系，主要训练中锋的流畅感，把握好“枯笔飞白”产生的虚实效果。参见图5-2。

(a)

(b)

(c)

(d)

图5-2　云水画法

二、草本、配景画法

1.草本画法

以中锋用笔为主进行点线勾画，排列出结构的长短变化、生长的方向变化、前后的虚实变化。参见图5-3。

(a) (b) (c) (d) (e) (f)

图5-3 草本画法

2.配景画法

无论在山水画中，还是在园林设计效果表现图里，都离不开对各种各样的环境特点气氛的说明，即配景。它们在画面中往往动静结合，时隐时现地点缀出主题意境，使画面生机盎然。画时，基本上用中锋勾勒出形态，关键是结构透视一定要与画面整体关系协调，确定好仰视、俯视、平视中的平行透视，或成角透视关系、近大远小的浓淡虚实关系。配景画参见图5-4和图5-5。

图5-4　配景画法（1）

图5-5 配景画法（2）

三、经典画树技法

画树时应注意不同树干、枝、叶的笔触区别，点线的浓淡粗细变化、疏密层次变化、上下左右的松紧变化，形成了每一棵树的具体特征。可以先进行练习临摹，然后到写生中去理解它们的同类。

经典树的图例参见图5-6，图中的树都是高度概括的老树画法，主要表现在弯曲、节巴、露根、少叶等某些特征上与现实的不同。

桂叶式
齿式之一
齿式之二
松叶式
(a)
松
(b)
覆叶式
无角菱式之一
无角菱式之二
竹叶式
(c)
松
(d)
仰叶点式
桂叶点式
垂藤点式
圆叶点式
扁点式
(e)
竹
(f)

图5-6

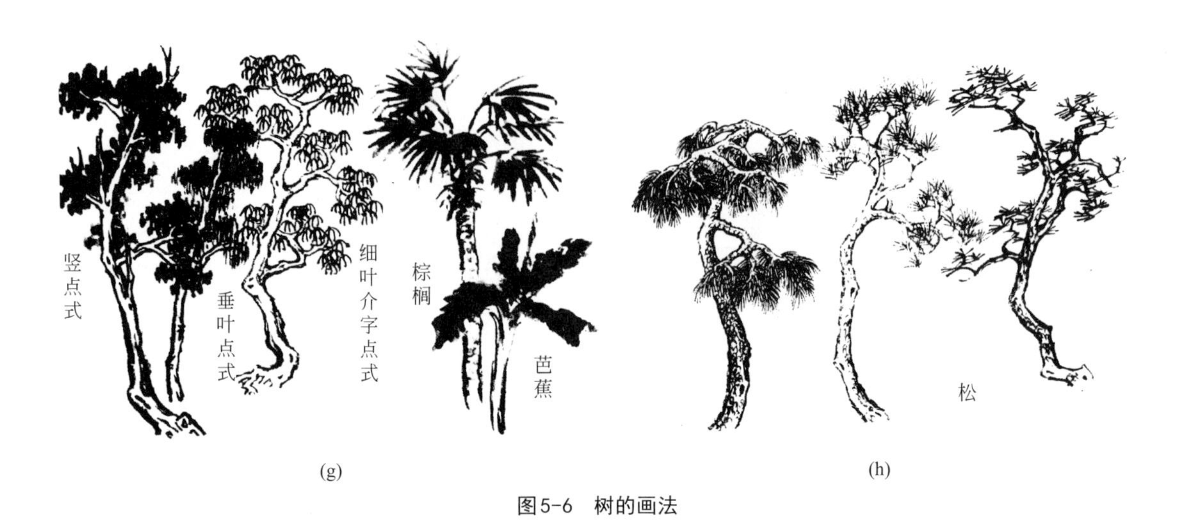

图5-6 树的画法

四、三远构图技法

高远透视法构图是从高山顶上向远处展开，远去天边，视平线较高，故称“旷”景，见图5-7。

深远透视法构图是视平线较低，一般景观层次都集中在山谷中，延伸进去，故称“奥”景，见图5-8。

平远透视法构图是视平线偏高或低，一般表现开阔的平原、丘陵和水面，故称“阔”景，见图5-9。

(a)

(b)

图5-7 高远透视法构图

(a)　(b)

图5-8　深远透视法构图

(a)

图5-9

(b)

图5-9 平远透视法构图

透视与构图紧密相关。中国画的透视犹如现代录像机的功能，使整个画面的视线在运动，正如园林中的景随步移，有边走边看的特点。“三远法”是国画透视构图的基本特征，既可单用，也可合用。表现方法有浅绛淡彩、大青小青和金碧山水等形式，通过图5-9（b）~图5-12的构图山水实例可以看出其清雅与浓艳之别。

中国山水画西部写生习作见图5-13 ~图5-15。

(a) (b)

图5-10 山水画构图实例（1）

(a)

(b)

图5-11 山水画构图实例（2）

图5-12　山水画构图实例（3）

图5-13　山水画写生习作（1）

图5-14 山水画写生习作（2）

图5-15 山水画写生习作（3）

第三节　中国花鸟画技法

中国花鸟画集中体现了中国人与作为审美客体的自然生物的审美关系，具有较强的抒情性。它往往通过抒写作者的思想感情，体现时代精神，间接反映社会生活，在世界各民族同类题材的绘画中表现出十分鲜明的特点。其技法多样，曾以描写手法的精工或奔放，分为工笔花鸟画和写意花鸟画（又可分为大写意花鸟画和小写意花鸟画）；又以使用水墨色彩上的差异，分为水墨花鸟画、泼墨花鸟画、设色花鸟画、白描花鸟画与没骨花鸟画。在造型上，中国花鸟画重视形似而不拘泥于形似，甚至追求“不似之似”与“似与不似之间”，借以实现对象的神采与作者的情意。经过数千年的发展，中国花鸟画积累了丰富的创作经验，形成了自立于世界民族之林的独特传统，终于在近现代产生了齐白石这样的花鸟画大师。

一、竹、梅、菊、荷、兰画法

1.竹子画法

主干一气呵成，枝叶层层迭出，浓淡虚实分明，中锋行笔有力，侧锋撇出大胆，见图5-16。

(a)　(b)

(c)

图5-16　竹子画法

竹子的临摹习作见图5-17。

图5-17 竹子临摹习作

2.梅花画法

临摹梅花时应细细体会名家笔墨在画梅中的骨力，参见图5-18。

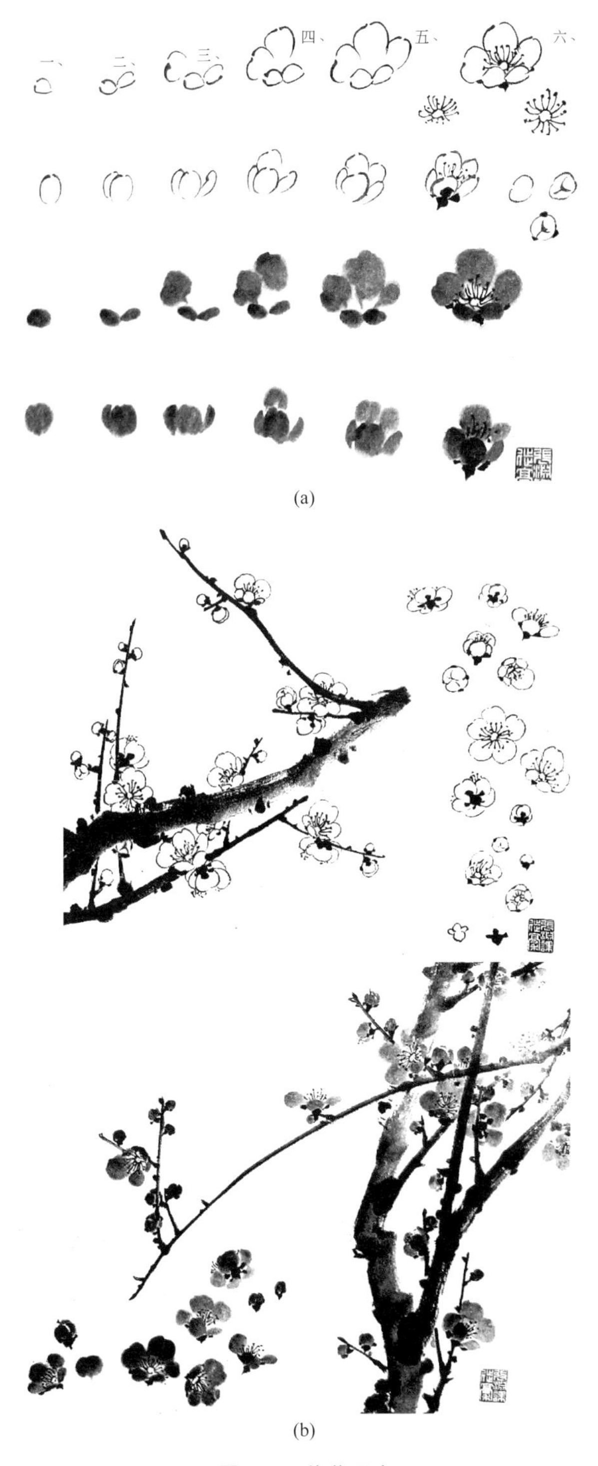

(a)

(b)

图5-18　梅花画法

3.菊花画法

菊花的画法参见图5-19。其他花的画法大致步骤也可以这样画，如牡丹、芍药、芙蓉、山茶、杜鹃、百合等，只是各自花叶的具体结构特征造型一定要加以区分。

(a) 勾花瓣结构

(b) 大笔侧锋画出墨叶，浓墨勾叶脉朝向

(c) 淡彩点渲染花朵

图5-19 菊花画法

菊花临摹作品见图5-20。

图5-20　菊花临摹作品

4.荷花画法

画荷花时注意把握“钉头鼠尾描”的工笔线条，“浓淡相宜”的写意笔墨技巧。参见图5-21。

(a) (b) (c)

图5-21 荷花画法

5.兰花画法

画兰花一般是先画一片主叶，再加两片辅叶，然后点缀花瓣。反之无妨，只要写出兰花的高雅俊秀、潇洒飘逸之意态即可。一气呵成是写意画的特点，整个过程充满节奏感。见图5-22。

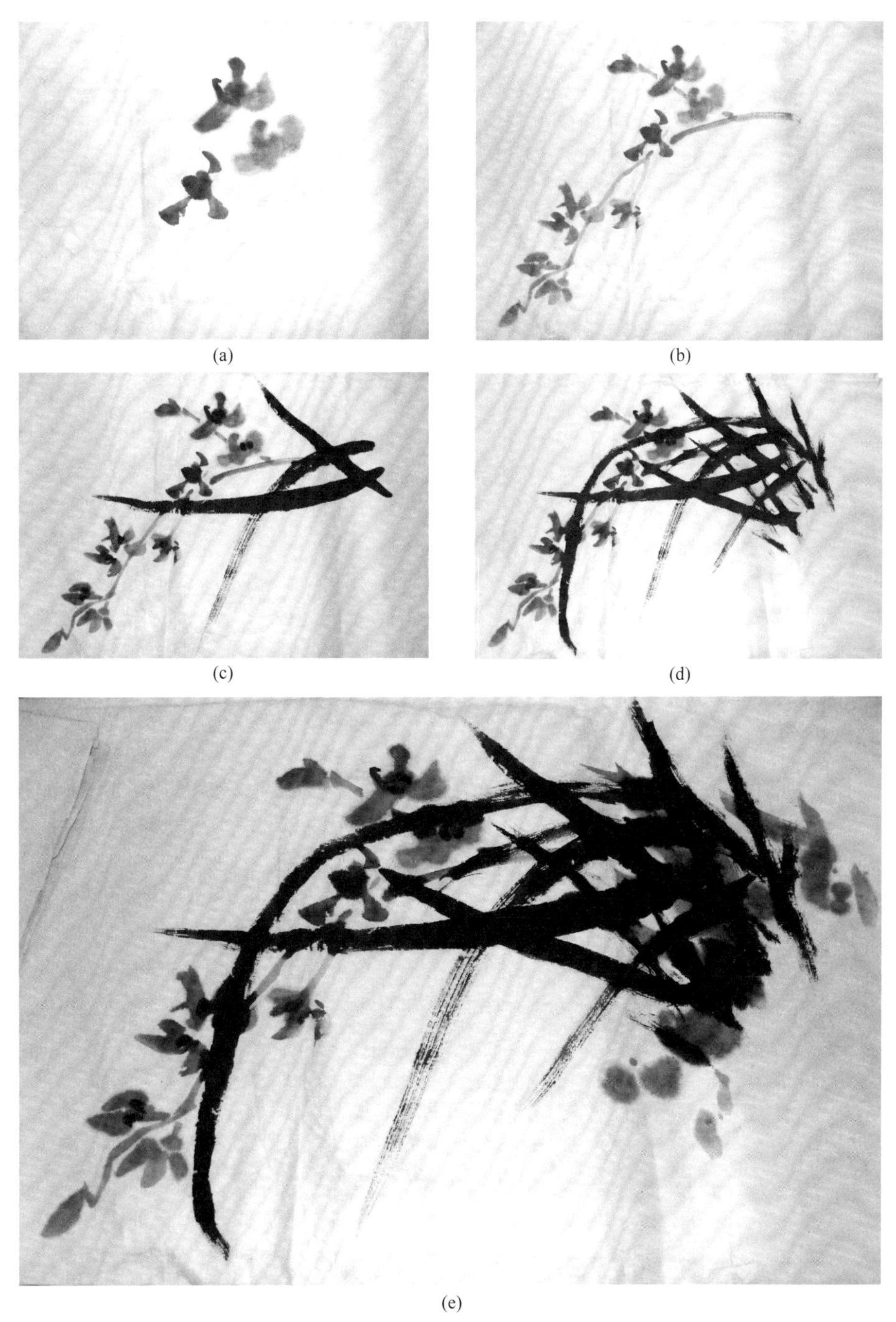

(a) (b) (c) (d) (e)

图5-22 兰花画法

二、虫鸟、小鸡画法

1.虫鸟画法

毛笔蘸墨要有浓淡干湿变化，才能画出生物的骨肉之感。勾线一定要准确，笔墨一定要大胆。平时多观察对象的生活习性，认识它们的造型特点在不同手法和风格中的体现。虫的画法见图5-23，鸟的画法见图5-24。

(a) (b)

图5-23 虫的画法

图5-24 鸟的画法

2.小鸡画法

画小鸡时应成竹在胸，胆大心细；点染有序，浓淡快慢，见图5-25和图5-26。

图5-25　小鸡的画法（1）

图5-26　小鸡的画法（2）

三、工笔与写意相结合的作品

中国画工笔与写意相结合的作品参见图5-27 ~图5-30。

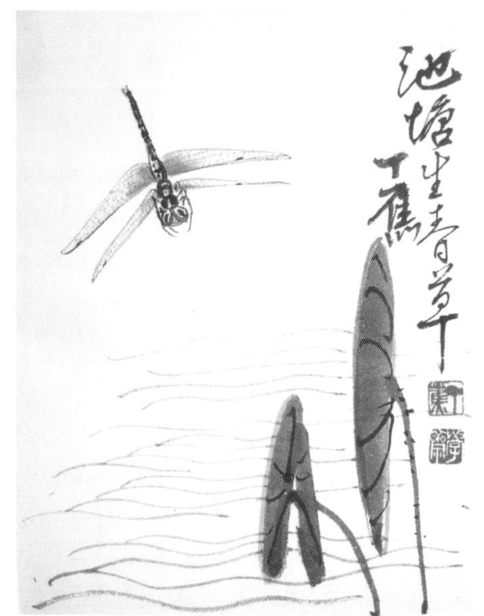

图5-27 工写结合的作品（1）

图5-28 工写结合的作品（2）

图5-29 工写结合的作品（3）

图5-30 工写结合的作品（4）

思考与练习

1.从国画山水与花鸟的练习中体会传统艺术有哪些特点。

2.如何将山水花鸟画的方法应用到园林风景写生之中去？

第六章

园林装饰艺术表现技法

技能目标与教学要求

对园林美术的学习绝不仅仅停留在一般的绘画造型艺术层面上，还必须掌握园林建筑装饰图案、园林绿化装饰图案、园林设计模型装饰制作等表现技法，让园林美术在实践当中更好地发挥其重要作用。

第一节 园林建筑装饰

园林建筑不同于居住区或都市商业建筑，由于其位置多处于公园或街头绿地之中，可谓是景观中的景观，所以对其本身的观赏性有着更高层次的要求：形体上更为灵巧和多变，色彩上也更为鲜艳和饱满。设计时，对建筑外立面的装饰材料也有更进一步的要求，力求与当时当地的环境相协调，能更多地让游人产生想步入其中一探究竟的欲望。对材质的选择、装饰纹样的设计原则，要认真研究和学习，不断地吸取周围成功案例典范的经验，并不断地从旧图案中得到启发，设计出有特色的新图案。

一、美的设计法则

一位建筑师说过："如果建筑造成的视觉感受有条有理且赏心悦目，人们精神上的健康、愉快和满足都会因此明显得到增进。"可见，建筑作为视觉艺术的一种形式，它对人的感官有着明显的影响。现代建筑立面装饰由于流派不同、类型不同、民族不同和欣赏层次不同，其主张可以是多元的、多变的，形式可以百花齐放、千姿百态，但是无论怎么变化，它都必须按照美学规律去创造，即采用对比、均衡、韵律、和谐等美的原则去综合整体地运用。而这些艺术创作手法都不过是多样统一构图在某一方面的表现形式。

1.多样统一的设计方法

即有机的统一，或称之为在统一中求变化，在变化中求统一。任何造型艺术都由不同的局部所组成，这些部分之间既有区别，又有内在联系，应将这些部分按一定的规律有机地组合为一个整体，既有变化，又有秩序，其特点如下。

（1）重复与韵律　通常听觉艺术是通过韵律达到和谐的。诗歌和乐曲中的韵脚和节拍是形成韵律的主要因素。而韵律感在建筑中则通常是用相同、相似的构件按各样规律排列而显现出来的，它能使建筑在立面上获得统一，从而达到装饰美化的效果。建筑符号学家分析后指出："阅读建筑作品之所以与一般构筑物不同，重要一点在于建筑有很多重复的信息反复作用于人的感官，并把它传给接触它的人。"建筑立面装饰中的重复常包括线的重复、方向的重复、大小的重复、形状的重复、质感的重复、色调的重复等。

（2）对比与调和　对比与调和是建筑立面布局中运用统一与变化的基本规律，是创作景物形象的具体体现。

对比，是两种或两种以上的有差异的图案之间的对照，借以相互烘托和陪衬，使彼此不同的特色更加明显，以达到刺激观赏者感官的目的，使被观赏的建筑能给人留下较为深刻的印象。对比可以从多角度产生，例如方与圆的对比、正反方向的对比、直和曲的对比、虚和实的对比、色彩与质感的对比等（图6-1）。普通的景墙因为有了虚实的变化使其层次明显增多，趣味性也大大增强。图6-2的墙运用色彩和材质的明显不同加强了对比，使其成为吸引人们视线的独特景观。

调和是指缩小差异，调和借助构图要素之间的协调及连续性，以取得和谐所产生的美感。渐进同样也是调和的一种手段，人们可以通过物体不同质感、色调、形状的渐进从而在另两个物质之间达到一种调和的效果。在环境中，调和可使杂乱的现象得到整顿和改善。调和的方式有很多，而建筑立面装饰设计可利用调和的方式与环境达到统一、和谐，主要有色彩调和和形式调和等。

图6-1　方与圆的对比

2.意境美的设计方法

不论是古典园林还是现代园林，意境美都是值得园林人士探讨和深究的一个课题。好的意境不仅给人带来舒心的感受，还会给人以艺术和文化的熏陶。意境美的设计主要可以从两个方面创造。

图6-2　色彩对比的运用

（1）立自然之“意”　由于城市化进程的不断加快，城市人口节节攀升，建筑越建越高，开放空间和户外活动场地日益减少，致使人们向往自然，渴望身居市井而能享自然之野趣。在现代建筑立面装饰中，水、山石等自然元素的融入为人们亲近自然、与自然形成对话提供了机会。

（2）立文化之“意”　我国历史悠久，民族众多，每个区域和地方都有丰富多彩的民俗文化和深厚的历史文化，这些都成为建筑物立面装饰立“意”表达的很好的背景题材。建筑立面装饰文化之意的融入，使之成为大众情感归宿的一个载体，也是意境美的表达语言。建筑立面装饰设计从某个角度来说，如同写文章，表达语言的丰富有助于取得更好的表现效果。

图6-3所示为由木栅格窗和盆栽的梅花组成意境深远的图案。

图6-3　意境的营造

二、中国园林建筑装饰

中国园林建筑多姿多彩，奇妙而独特，在世界园林史中占有重要的地位，也深刻影响了欧亚各国的造园艺术和建筑。在园林风景中，既有使用功能，又能与环境组成景色，供观赏游览的各类建筑物、构筑物及园林小品等都可统称为“园

图6-4 窗棂

图6-5 冰裂纹窗

图6-6 门窗几何图案（1）

林建筑”。

中国园林建筑是在中国建筑历史独特的条件下发展起来的，有强烈的个性符号和独一无二的外观特征，它功能多种，寓意深刻，常化整为零，以小见大，融于自然，可谓是“风景的观赏”“观赏的风景”。

中国古代建筑多以木构抬梁为主体，工匠们运用叠合（如斗拱）、拼接（如窗）、雕刻（如群版）等多种加工方式，把木料构成的装饰图案发挥到了极致。而且中国古代还见长于单块砖材本身的图案，如瓦当、砖雕、画像砖等，此外，还有一些独立构成图画的月洞门、漏窗等，图案做工都相当精美。在造型手法上，中国图案以突出线条为主，比如中国古典建筑中窗棂以细木条构成不同的线性图案（图6-4），由此构成平面图案或浮雕图案。同时中国古典亭廊中的彩绘也形成其独特的特点，题材多为动物（如龙凤）、植物（如莲花）、几何形（如套方）、传说（如八仙过海）、文字（如福、寿）等。这些图案多寓意富贵吉祥、祈求平安等。由此也演变出很多中国传统特色的彩绘图案，如如意纹、冰裂纹（图6-5）、自然云纹等。格栅门窗中，其样式和格心采用的棂花图案丰富多样，有荷花、梅花、葵花、海棠、树叶及花边、花结等植物图案；有卧蚕、龟背锦、蝴蝶及鱼鳞等图案；有万字、亚字、回字、井字、十字、工字等；有轱辘线、冰裂纹、绳纹等图案；还有各种几何图案，如八角、六角、三角、四方、套方、半圆、镜圆、椭圆、套环、方胜、瓶形、直棂、破子直棂、书条川、青条川、整纹川、一码三箭、菱形、方格、斜纹、毯纹、风车纹、插角乱纹、软脚纹、步步锦、灯笼锦、回云纹、如意纹等（图6-6～图6-8）。以这些植物、动物、字形、几何图案等数十种为基础，相互交错，又组成了无数种图案样式的门窗格心棂花（图6-9、图6-10）。

窗棂的核心部位称为“格心”，它是窗棂的构图重点，形态有圆形、长方形、椭圆形，长约

图6-7 门窗几何图案（2）

图6-8 门窗几何图案（3）

图6-9 门窗格心棂花（1）

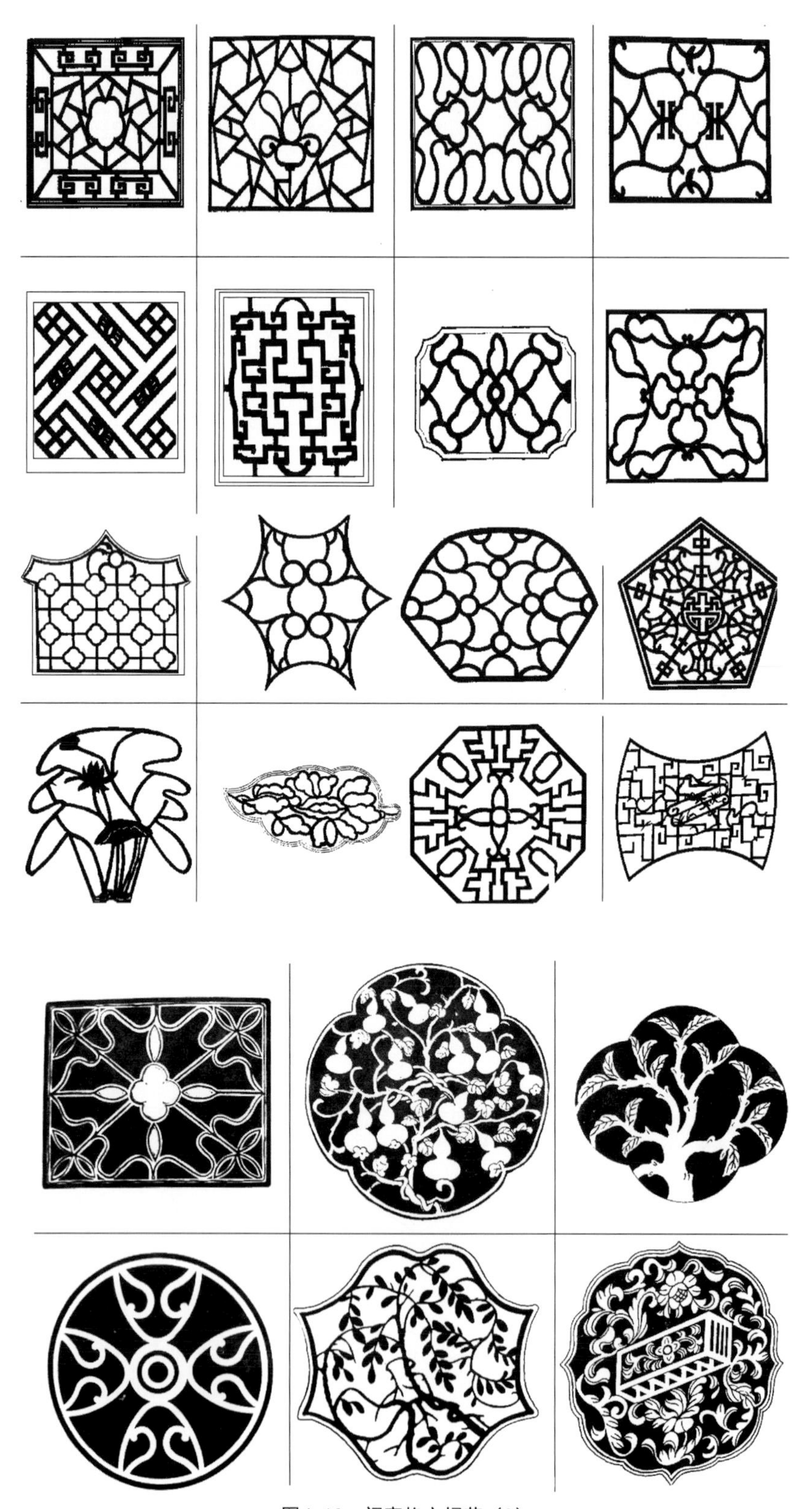

图6-10 门窗格心棂花（2）

20至30厘米，宽约15厘米，雕刻方式采用剔地深浮雕，也有采用镂空透雕的。

古典建筑中还有很多立体雕刻图案，如图6-11、图6-12所示。

图6-13是山西襄汾一处古宅大门上的柱头枋，它被雕刻成完整的、立体的、展翅飞翔的凤凰。从凤凰头部到翅膀，再到尾和爪，以及每片羽毛都经过了匠人的精心刻画。

图6-14上的凤鸟状脊饰是现代民居上的实物。这是古代凤鸟脊饰的再现。据说，凤鸟脊饰早在战国时期就被运用。

传统彩绘装饰图案如图6-15所示。

现代彩绘装饰图案见图6-16 ~图6-20。

图6-11 立体雕刻图案

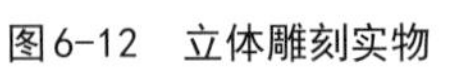

图6-12 立体雕刻实物

图6-13 柱头枋图案

图6-14 凤鸟状脊饰

(a)

(b) 天花彩画的几种常用形式

(c)

图6-15 传统彩绘装饰图案

图6-16 学生作业（1）

图6-17 学生作业（2）

图6-18 学生作业（3）

图6-19 学生作业（4）

图6-20 学生作业（5）

三、国外园林建筑装饰

中国和西方有着不同的文化历史背景，所以其建筑装饰图案也千差万别，材料和风格多有不同。我国古代建筑多为木制构造，所以装饰图案也多为木质构型，但西方多以石材加工装饰见长，文艺复兴石雕和巴洛克花纹是其中最有代表性的装饰图案（图6-21）。

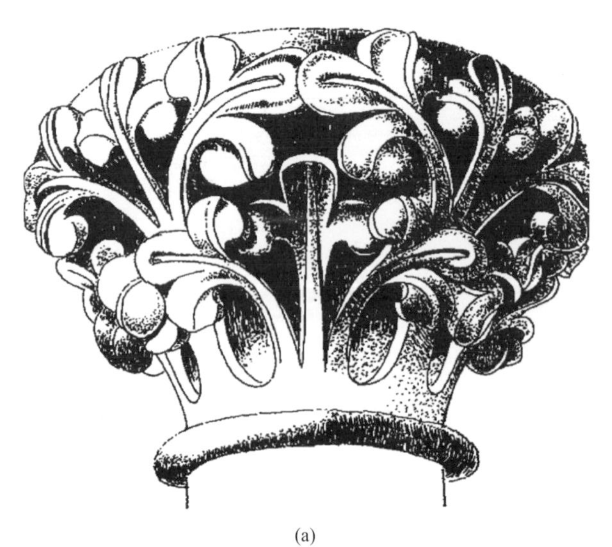

(a)

(b)

(c)

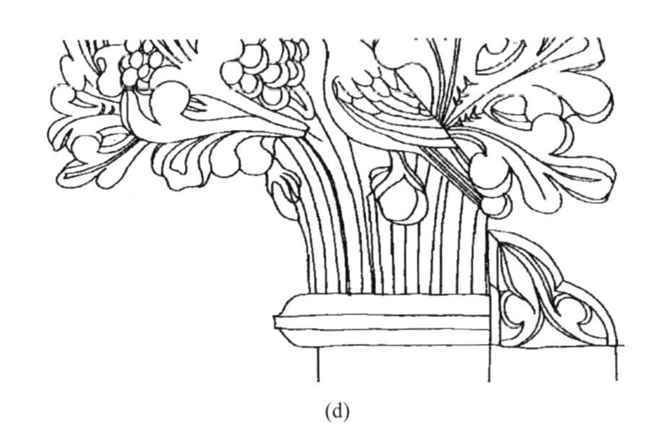

(d)

图6-21 国外建筑典型图案线描或淡彩纹样

西方的玻璃花窗也独具特色，为西方建筑装饰品，常见于教堂，装置于建筑物墙面上（图6-22）。在伊斯兰教的清真寺，花窗玻璃艺术也很常见。当日光照射玻璃时，可以产生灿烂夺目的效果。而在电灯时代，夜间从教会内放射出的彩光又是气象万千。早期花窗玻璃多以圣经故事为内容，以光线配合图案的效果感动信徒。而一些教会所在地本地的传说和神话，也会进入其主题之中。近代以来，花窗玻璃不仅出现在教堂，也在许多一般建筑中获得应用。

花窗图案可能是有具体人物的，也可能是几何图案。人物造型一般来自圣经故事、圣徒神迹、地方保护神传说、文学与历史故事等。现代建筑中，教堂以外的花窗也有很多主题。例如大学讲堂的花窗可能以科学、艺术为主要语汇，国会的花窗则可能包括国徽、王室徽或选区徽章等。

图6-22 花窗图案

第二节 园林植物装饰

植物景观，主要指自然界的植被，包括植物群落、植物个体所表现的形象，通过人们的感观，产生一种实在的美的感受和联想。植物景观一词也包括人工的即运用植物题材来创作的景观。植物造景，就是运用乔木、灌木、藤本及草本植物及花卉等题材，通过艺术手法，充分发挥植物的形体、线条、色彩、质感等自然美（也包括把植物整形修剪成一定形体）来创作体面色质相结合的植物景观。

要创作完美的植物景观，必须使科学性与艺术性两方面高度统一，既要满足植物与环境在生态适应上的统一，又要通过艺术构图原理体现出植物个体及群体的形式美，及人们在欣赏时所产生的意境美，这是植物造景的一条基本原则。植物造景的种植设计牵涉到一些植物栽培理论，这里不一一详述，仅重点讲解植物图案的艺术搭配原则。

一、公共环境的园林植物装饰

植物由于其品种多样，姿态各异，色相丰富，成为景观当中最为重要的造景材料，如果搭配得当，将收到意想不到的效果。植物的艺术造景同样要遵循多样统一、对比调和、对称均衡和节奏韵律的形式美法则和对意境美的表现等。模纹花坛是植物造景中最常用的一种，被誉为流动的植物雕塑，是一种新兴的园艺形式，目前在国际上十分流行。2000年，加拿大蒙特利尔的园艺家突发奇想，在搭建好各种造型的钢结构内填充泥土介质，然后种上色彩多样的花草，将生硬的钢制雕塑与柔软的园艺巧妙地结合起来，产生了全新的艺术效果。此后，这种园艺艺术成为世界园艺界的新宠。

形体、色彩、质感的恰当搭配是园林植物装饰图案设计与表现三元素。模纹花坛以色彩鲜艳的各种矮生性、多花性的草花或观叶草本为主，在一个平面上栽种出种种图案来，看上去犹如地毯，又叫毛毡花坛。模纹花坛外形均为规则的几何图形，花坛内图案除用大量矮生性草花外，也可配置一定的草皮或建筑材料，如色砂等，使图案色彩更加突出。通过不同花卉色彩的对比显示平面图案美（图6-23 ~图6-25）。模纹花坛绘图见图6-26和图6-27。

图6-23 花坛（1）

图6-24 花坛（2）

图6-25 花坛（3）

宽度在1米以上，长度与宽度大三倍以上的长形花坛，称为带状花坛。在连续风景构图中，带状花坛作为主体来运用，也可作为观赏花坛的镶边和道路两侧、建筑物墙基的装饰。植物由于具有耐修剪性，可以组成一些具象的图案，形成立体植物模纹造景，和园林雕塑有异曲同工之妙（图6-28 ~图6-33）。

二、山水盆景和植物盆景艺术装饰

盆景是源于中国的优秀传统文化艺术之一，一般以山石、土、植物、水等为材料，

图6-26　模纹花坛绘图

图6-27　学生作业

图6-28 鲜艳的植物搭配组成的鱼形图案

图6-29 金秋宁波植物造型展的一组景观

图6-30 模纹动物花坛

图6-31 天安门广场

图6-32 交通岛

图6-33 道路绿化带

经过艺术创作和园艺栽培，在盆中集中典型地缩小模仿塑造大自然优美景色，以达到缩地成寸、小中见大的艺术效果，同时以景抒怀，表现深远的意境，犹如立体美丽的缩小版山水风景。它们一般分为山水盆景和植物盆景两大类，较多应用山石、水、土作材料。以水为主的为水盆景，以土、石为主的为旱盆景，水、土兼有的为水旱盆景。后者以树木为主要材料，分为观枝、观叶、观果和观花类，它们都以由盆、景、几（架）三个要素组成，形成相互联系、相互影响的统一整体。其规格如下：植物盆景按树桩高矮（其中悬崖式按枝干伸展长度），山水盆景按盆的长度，分为特大型（150厘米以上）、大型（80 ~ 150厘米）、中型（40 ~ 80厘米）、小型（10 ~ 40厘米）和微型（10厘米以下）。

人们把盆景誉为“无声的诗”和“立体的画”。

山水盆景事先根据石材特点选定主题，并精心设计，之后选石、加工，因石制宜，随类敷彩。山石材料有硬石（石质坚硬）和松石（石质松软）两类。硬质石料用截、切、锯、割等法达到去芜存精，不足之处可通过拼接胶合来弥补。松质石料可用特制的锤在石上琢出峰峦、岗岭、沟壑、洞穴；在石上留有种植穴，便于栽植草木。盆中景物布局有变化而不杂乱，层次丰富，主次分明。同一盆中宜石种相同，石色相近，纹理相顺。同时运用近大远小、高低错落、近实远虚的透视原理，配以大小相宜的亭桥、草木、人物、鸟兽等，再以浅盆衬托，达成小中见大、咫尺千里的艺术效果。植物盆景多选用盆栽易成活、生长缓慢、枝叶细小、寿命长、根干奇特的树种，兼有艳丽花果者尤佳。除通过人工繁殖外，常从山林野地掘取经多年樵砍后留下的老干树桩培养。树桩盆景千姿百态，可归纳为直干、曲干、斜干、卧干、悬崖、枯干、附石、连根、丛林等形式。培养土以排水良好、疏松透气保肥为佳。制作盆景时，对不同地域的山石造型加工及植物修剪使用整形法和用金属丝或棕丝扎缚枝干弯曲成一定形状、再经逐年细致修剪成型等方法，形成不同风格特色（图6-34、图6-35）。

图6-34　山水盆景

图6-35　植物盆栽

三、厅堂庭院环境插花艺术装饰

1.立意构思

插花作品是具有生命力的艺术品，在进行装饰的过程中，立意构思对造型极为重要，对创作一件完美的作品具有决定性的意义。立意就是确定目的和主题；构思就是根据创作动机，围绕立意主题，结合材料的特点，进行精心组织，形成未来作品的形象。立意构思可以从插花的用途、摆设的环境及作品所要表达的内容和情趣等方面考虑。

2.选择花材

花材是创作成败的关键，选择花材应遵循以下基本原则。

① 根据环境及花器选择花材。大堂摆放的插花应表现出热烈的气氛，有利于创造一种温暖、热情、轻松舒畅的环境，让客人一进入宾馆、酒店有一种宾至如归的感觉，宜选用色彩鲜艳而又不过于刺激、比较柔和的花材。客房中的插花宜素雅大方、古朴清新，应选用色彩淡雅的花材。接待台上的插花宜选用低矮小品花，以不遮挡人的视线为佳。宴会餐桌上的插花，为体现热烈欢快的气氛，应选花繁、色艳、叶茂的花材。咖啡屋及小型聚餐，单枝独花更具风韵。酒店、宾馆中的会议厅为表现严肃、庄重的气氛，宜选用具有古朴芳姿的传统花木，如松、竹、梅、牡丹等。此外，选择花材时还必须考虑花器的形态、大小、颜色等。

② 根据季节选择花材。不同花卉有着不同的生长特性，其姿色的最佳期也不同。如春季选桃花、梅花、玉兰、迎春、牡丹、丁香、水仙、石竹、金鱼草、香石竹等；初夏选择百合、美人蕉、月季、鸡冠花、非洲菊等；盛夏天气炎热，花材种类较少，宜选用清淡、素雅的花材，使人感觉比较清爽；秋季，为表现秋色及丰收景象，宜用彩叶树种的枝叶或果穗、果枝等花材进行插花造型，如红枫、火棘、菊花等；冬季，选择水仙、梅花、南天竹、一品红、腊梅等。

③ 根据花材的形质特点、寓意选择花材。人们凭借植物的形质特点、习性气质，赋予它们美好的象征意义，用以表达人们的情感和意趣。如牡丹，花大色艳，雍容华贵，是富贵吉祥、幸福繁荣的象征；梅花，凌寒傲雪，具有坚忍不拔的斗争精神；荷花，“出淤泥而不染”，洁净清丽，象征品德高尚、清静无为；兰花，象征忠诚的友情、高雅的情操。

3. 选择花器

① 花器大小须与插花规模相称。一般认为花器必须明显大于所插花材中最大的花头或叶片，同时又小于所插花材的总量。

② 花器的形态、质地要与插花形式相一致。花器要根据设计的目的、用途、使用花材等进行合理选择。如倾斜形插花，选瓶口较宽、形状直立的花器较为和谐。西洋式插花中，大型花器比较容易给人以稳定坚固的感觉。

③ 花器、花色不宜相同。通常黑、白、灰、金、银色可衬托任何花色，灰黑、棕黑等色纯度较低，能与鲜艳的花色形成鲜明对比，作为花器的颜色较合适。

④ 花器要与摆放环境相协调。

4. 造型

花材选好后，即可开始插花造型。造型时应精心插作，边插边看，捕捉花材的特点与情感，务求从最完美的角度表现出来。为了使主体突出，应设法把人们的注意力引导到想要表达的主题上，让主题花材位于显眼之处，使插花作品获得共鸣。造型完成之后，还应进行必要的装饰，对整体构图造型进行细心地检查，上下四周仔细观察，以达到完全满意为止。

5. 命名

命名是作品创作的一个组成部分，对作品有画龙点睛之用。好的名称可以加强主题表现，传达意境，在作者和观赏者之间架起桥梁，引起共鸣。

6.清理现场

将修剪下来的残枝败叶等清理干净。这会充分体现一个花艺师的职业素质。

7.插花的养护

酒店宾馆中的环境一般对人来说是比较舒适的。但对于插花作品来说，空气过于干燥，温度偏高。因此要及时做好花材的保养工作，否则花材会过早萎蔫凋谢，造成损失。可用喷水的方法来解决这个难题。利用高压喷壶向作品及作品周围喷水，既可以补充花材需要吸收的水分，又可以增加空气湿度，还可以降温，可谓一举三得。此外还可以采用一些化学药剂来延长观赏期。

插花作品欣赏见图6-36。插花花泥、叶片设计造型和场景布置见图6-37～图6-40。

(a)　(b)　(c)　(d)　(e)　(f)

图6-36　插花作品

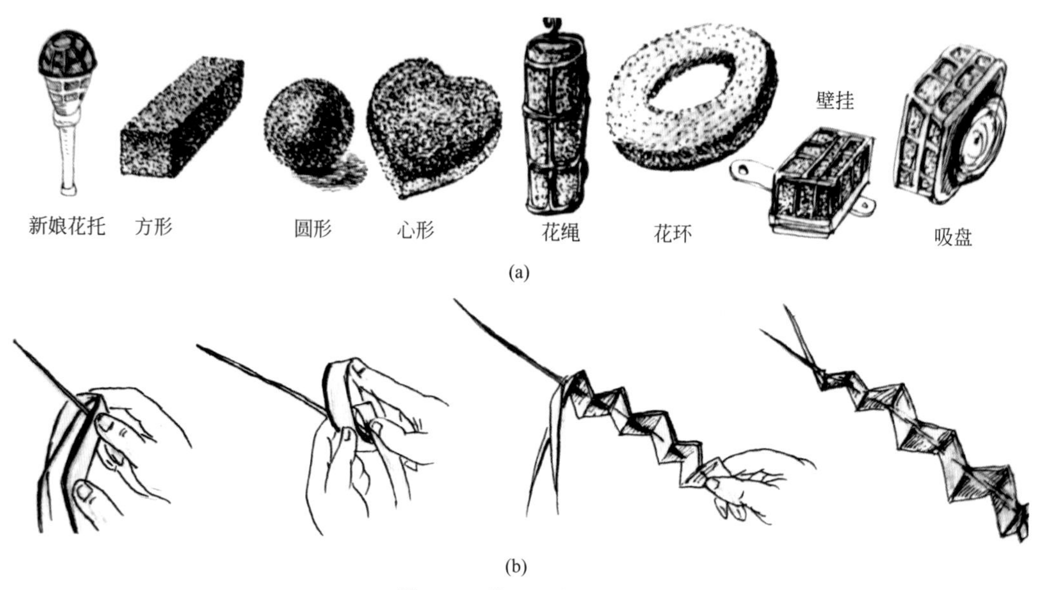

(a)

(b)

图6-37 花泥、叶片设计

(a)

(b)

图6-38 叶片设计

图6-39 插花设计

图6-40　场景布置（作者：范洲衡）

第三节　园林装饰模型

模型能以三度空间的表现力表现一项设计，观赏者能从各个不同角度看到园林景观的体形、空间及其周围环境，因而它能在一定程度上弥补图纸的局限性。设计师通常在设计过程借助于模型来酝酿、推敲和完善自己的设计。

一、模型的种类

（1）按照用途分类　一是展示用的，多在设计完成后制作；一是设计用的，即为了推敲方案，在设计过程中制作和修改。前者制作精细，后者较为粗糙。

（2）按材料分类　油泥（橡皮泥）、石膏条块或泡沫塑料条块，多用于设计用模型，尤其在城镇规划和住宅街坊的模型制作中广泛采用。木板或三合板、塑料板、硬纸板或吹塑纸板，如各种颜色的吹塑纸用于建筑模型的制作非常方便、实用（图6-41），它和泡沫塑料块一样，切割和粘接都比较容易。有机玻璃、金属薄板等，多用于能看到室内布置或结构构造的高级展示用的建筑模型，加工制作复杂，价格昂贵。

二、简易模型的制作过程

进行空间造型设计简易模型制作练习，一方面可培养想象力和创造力，为将来的空间构图打下基础；另一方面可以初步掌握模型制作的材料和简单模型制作方法。

1.图纸准备

首先根据课题需要确定方案图纸，待完善后考虑各部分制作材料。

材料参考：吹塑纸或彩纸、铁丝、白乳胶、小刀、剪子、泡沫海绵、塑料、砂纸、细沙、小石块等（图6-42）。

图6-41　吹塑纸和塑料作墙面

图6-42　制作简易模型的部分材料

2.制作方法

按要求的比例尺做好底板，可用硬纸板或三合板等，并在底板上标明主要模型部件（如墙、水池、亭子、假山等）的位置，按部件各自适用材料逐一制作，将硬纸切成同样宽窄的纸条，根据平面分割设计，准备各种长度要求的纸条，注意在端部留0.5～1厘米的长度作为搭接粘贴部分。将准备好的各种部件进行粘接、调整，先地面后地上，先大部件后小部件和树木衬景。

【实例一】

步骤一：根据图纸调整和制作地形，可用塑料、泡沫等材料裁切后再进行拼接［图6-43（a）、（b）］。

步骤二：铺上不同颜色的彩色纸表示路面或草地［图6-43（c）～（e）］。

步骤三：分别制作图纸上有的景观小品，如亭子、假山、吊桥等。用自然形态与假山或置石相近的石块做假山，用一次性筷子和雪糕棒做吊桥，用与山体相近的石块做秋千，用筷子和铁丝制作假山和亭子的组合［图6-43（f）～（j）］。

步骤四：调整各组合位置，并用细沙做部分自然水岸［图6-43（g）～（j）］。

步骤五：用染色海绵做柏树，用铁丝和绿色卡纸做椰子树组，整体调整［图6-43（k）～（n）］。

(a) (b) (c) (d) (e) (f)

图6-43

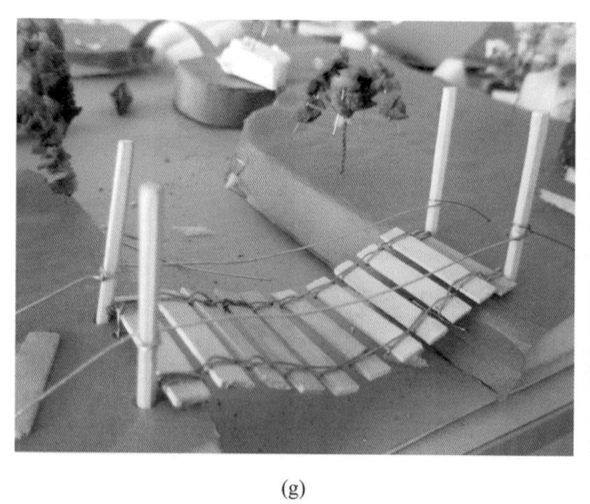

(g)

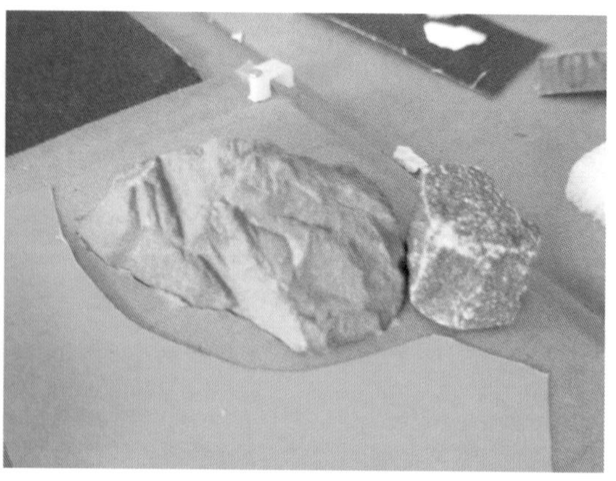

(h)

(i)

(j)

(k)

(l)

(m)

(n)

图6-43　简易模型制作实例一

【实例二】

碎泡沫加入绿色颜料，调拌均匀，做绿色铺地；塑料做建筑和雕刻入口台阶；涂上颜色的塑料雕刻桌凳；绿色卡纸和小铁丝做荷叶；用一些蓝色碎玻璃做溪水（图6-44）。

(a)　(b)　(c)　(d)

图6-44

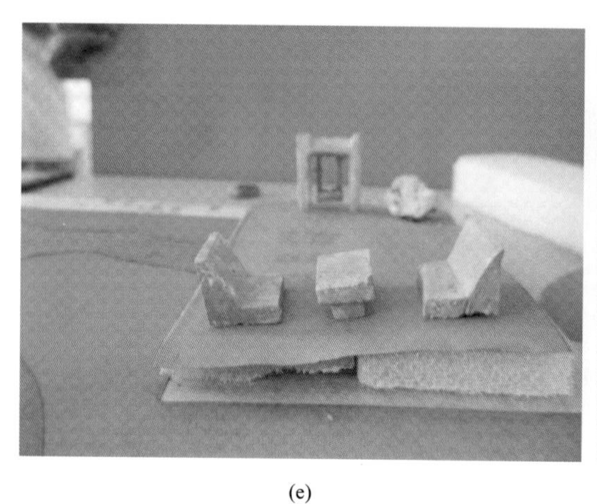

(e)

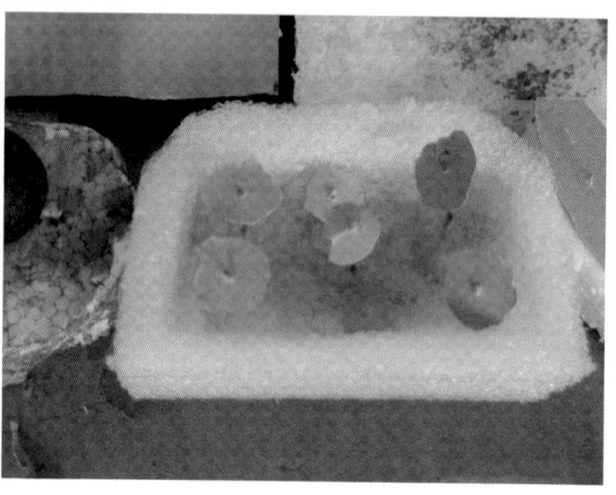

(f)

图6-44 简易模型制作实例二

以上两例属于学生实践作品，粗陋和不足之处还有很多，其中一些简易制作权当抛砖引玉，可作为参考。模型制作法无定势。专业正式模型更为完善和复杂，要求也十分精细。随着模型制作行业的兴起，一些模具制造器械变得种类繁多。为提高学生的动手能力和培养学生的空间创造力，应采用一些简单材料多做练习，力求用身边随处可见的简易材料制作出精美的景观模型（图6-45）。

(a)

(b)

(c)

(d)　(e)

(f)　(g)

(h)　(i)

图6-45　学生作业

思考与练习

1.全面了解园林装饰艺术的基本内容与形式。

2.结合本章中的图片进行临摹练习。

3.根据一个园林设计方案，分组合作，进行园林建筑与绿化的整体装饰制作。

参考文献

[1] 李静.园林概论[M].北京：中国农业出版社，2014.
[2] 朱迎迎，李静.园林美学[M].北京：中国林业出版社，2008.
[3] 丁绍刚.风景园林概论[M].2版.北京：中国建筑工业出版社，2018.
[4] 马云龙.园林美术教程[M].2版.北京：中国农业出版社，2009.
[5] 范洲衡.园林美术[M].北京：化学工业出版社，2009.
[6] 特纳.世界园林史[M].林箐，等，译.北京：中国林业出版社，2011.
[7] 叶理.实用园林绘画技法——素描·线描·钢笔画[M].2版.北京：中国林业出版社，2014.
[8] 石莹，林佳艺.SKETCH UP景观设计方案[M].南京：江苏人民出版社，2012.
[9]《景观实录》编辑部.景观实录：水景设计与营造[M].沈阳：辽宁科技技术出版社，2013.
[10] 范洲衡.设计素描[M].北京：化学工业出版社，2018.
[11] 王燕.中国古典园林艺术赏析[M].南京：东南大学出版社，2010.
[12] 张桂烨.名师课堂：张桂烨教你画素描石膏几何体[M].杭州：西泠印社，2007.
[13] 王岚.景观设计的111个学习技巧[M].北京：机械工业出版社，2013.
[14] 李卓玲，张文强，张融雪.平面设计[M].西安：西安电子科技大学出版社，2008.
[15] 赵光辉.中国寺庙的园林环境[M].北京：中国林业出版社，2020.
[16] 郝赤彪.景观设计原理[M].2版.北京：中国电力出版社，2016.
[17] 刘真，蒋继旺，金杨.印刷色彩学[M].北京：化学工业出版社，2007.
[18] 刘曙光.速写[M].重庆：西南师范大学出版社，2007.
[19] 陈玲.立体构成[M].武汉：华中科技大学出版社，2012.
[20] 彭一刚.建筑绘画及表现图[M].北京：中国建筑工业出版社，1987.
[21] 杨华.硬质景观细部处理手册[M].北京：中国建筑工业出版社，2013.
[22] 范洲衡，郑志勇.插花艺术[M].北京：中国农业大学出版社，2009.
[23] 赵承祖.美术基础[M].北京：中国商业出版社，2006.
[24] 蒋晓玲.组合静物结构素描范本[M].武汉：湖北美术出版社，2011.
[25] 赵春林.园林美术[M].北京：中国建筑工业出版社，2006.
[26] 顾振华.色彩[M].北京：高等教育出版社，2003.
[27] 文增，林春水.城市街道景观设计[M].北京：高等教育出版社，2008.
[28] 凤凰空间·上海.景观规划表现大赏——公共景观[M].南京：江苏人民出版社，2011.
[29] 吴羚木.中国画基础技法[M].北京：朝华出版社，1996.
[30] 菲小象.春之绘：72色彩铅笔的幸福画作[M].北京：中国青年出版社，2014.
[31] 陆晓彤.完全手绘表现临本：时装画彩铅表现技法[M].北京：中国青年出版社，2015.
[32] 范洲衡.取景透视模板及教学练习装置[P]. CN 210324698U.2020-04-14.